产品设计工作坊

——从设计思维到项目定案的创新

许迅　著

内 容 简 介

本书是在教育部2019年第二批产学合作协同育人项目等课题研究的基础上，经过多年的理论研究与教学实践，结合设计思维与项目定案创新编写而成。全书由概述、设计创新思维、产品设计开发、设计工作坊成果展示和设计工作坊总结5章组成。本书以产品设计工作坊为载体，从不仅以用户为中心的设计到服务设计、共享设计、信息可视化设计，再到设计师的叙事设计方法与设计过程中的有效沟通，重点论述了产品设计创新思维方法；同时，通过设计实践案例讲述了产品设计的过程方法，将设计思维融入设计过程中，对产品设计进行了创新性的理解。

本书是对创客实验室实践教学成果的学术性整理，旨在探索设计教育科学发展的新模式，为设计产业的促进和设计创新能力的提升等方面提供良性的研究内容，希望为更多设计类方向的学者提供有益的示例和参考。

图书在版编目（CIP）数据

产品设计工作坊：从设计思维到项目定案的创新 / 许迅著．—北京：北京大学出版社，2021.9

ISBN 978-7-301-32114-0

Ⅰ．①产…　Ⅱ．①许…　Ⅲ．①产品设计　Ⅳ．①TB472

中国版本图书馆CIP数据核字(2021)第062426号

书　　名　产品设计工作坊——从设计思维到项目定案的创新
CHANPIN SHEJI GONGZUOFANG——CONG SHEJI SIWEI DAO XIANGMU DING'AN DE CHUANGXIN

著作责任者　许　迅　著

封面设计　许　迅　赵思行

责任编辑　孙　明

标准书号　ISBN 978-7-301-32114-0

出版发行　北京大学出版社

地　　址　北京市海淀区成府路205号　100871

网　　址　http://www.pup.cn　新浪微博：@北京大学出版社

电子邮箱　编辑部 pup6@pup.cn　总编室 zpup@pup.cn

电　　话　邮购部 010-62752015　发行部 010-62750672　编辑部 010-62750667

印 刷 者　北京宏伟双华印刷有限公司

经 销 者　新华书店

720毫米×1020毫米　16开本　12.25印张　201千字

2021年9月第1版　2024年7月第2次印刷

定　　价　79.00元

序一

“设计”源于生活，服务于生活，但高于生活，是设计师把畅想和理念通过各种感受形式传达出来的一种创造性活动，是一种有计划、有目的的创作行为，其设计成果被大众接受并用来提高生活品质。设计的成功与否，不仅取决于设计，还受到生产制造、市场等相关因素的影响。传统的设计教育更多地强调对专业技能的培养，却忽视了市场运作、商品竞争等相关知识与能力的培养，使得学习产品设计专业的学生缺乏能够快速适应现代社会需要的综合能力。因此，产品设计专业学生如何培养，才能更符合社会需要？这是值得思考的问题。

教学模式与方法的创新是教育工作者孜孜不倦探索的议题，本书通过产品设计工作坊对教学模式进行探讨，把与企业对接的项目引入实践教学过程中，产学并进，探寻书本教育盲区以外的更多视域。现实的产品开发设计是怎样的，现有的产品设计教学中存有哪些不足，校企合作项目在落地过程中有哪些挑战，这些是产品设计工作坊持续关注的议题。产品设计绝不是简单的外观改良，也不是风格的“拿来”、思维的“套用”，它其实是传统文化的体现、社会价值观的反映、生活方式的展示；设计的成功与否，还取决于生产制造、供应链及市场运作等，它是产品链中的一环，也是一个系统工程。

本书通过实例讲述了产品设计的过程和方法，展开设计创新思维等多角度研究，从设计思维到项目定案对产品设计进行了创新性的理解，解决了设计创新面临的共性课题和难题。本书所展示的产品设计企业实例简捷地阐释了甲方与设计师之间的思维隔阂；产品设计开发周期系统地陈述了产品开发原则与流程；产品设计工作坊案例展示全面地讲解了设计师与学生对于设计创新的不同解读。

本书对产品设计工作坊教学模式展开研究与实践，并将设计实践成果进行梳理与总结，对于教育工作者而言，可视作教学实践指南；对于学生和年轻设计师而言，适合用作了解产品设计研发项目、思维、流程、定案的辅助教材。希望本书能启发读者对产品设计工作坊进行深入思考与研究。

南京理工大学设计艺术与传媒学院教授、博士研究生导师
教育部高等学校设计学类专业教学指导委员会委员
2020 年 5 月于南京理工大学

序二

产品设计工作坊是一种非常优越的产品设计创新模式，也是一种设计方法的场景化延伸。对于一个“小”的设计团队而言，该模式能够帮助设计师快速地发现问题、解决问题，进而准确地设计出用户所需要的产品。对于在校学生而言，设计工作坊的形式不仅能够帮助学生培养产品设计思维、进行设计实践，而且能够帮助学生快速地进入工作模式，为毕业后的工作打下良好的基础。对于设计团队而言，设计工作坊的形式则是一个能快速推动项目、优化设计思路、催生优秀产品的团队模式。

而且从大方向上看，设计服务全球人类、为人类生活得更舒适而服务，为整个地球环境而服务；从小方向上看，设计服务某一类特定的客户或者满足某一特定功能需求。

关于产品设计开发，本书给出了一个完善的执行周期及方式，对于学生和一些初级的从业者来说，是不可多得的快速掌握设计流程的好书。由产品设计创新思维、产品设计创新方法、项目分析、产品设计工作坊组织管理等组成的全新系统理论体系，对于设计师来说是一种启发，设计师可以将此理论体系广泛应用到设计领域，为其做设计提供更完善的理论体系支撑，厘清设计思路。

从本书中产品设计工作坊的成果来看，这种模式的效果显著。对于设计师和学生创新能力的培养，有着极大的加速与助力作用；对于教师带领学生进行实践，也有很大的帮助。本书是一本不可多得的优秀设计工具书。

以本人从业多年的经验来看，本人很看好产品设计工作坊的工作模式，非常认同许迅先生的设计教育及设计创新理念。希望这本书能够被更多正在学习设计或刚步入职场的设计师看到，也希望本书能为更多的教师提供教学思路！

许迅
格物者设计源创意平台创始人
果核 3D 打印实验室负责人
上品设计集团合伙人
2020 年 5 月于北京

序三

2016年，海尔创客实验室与东华理工大学艺术学院正式达成战略合作协议。2018年12月5日，重点创客实验室挂牌仪式圆满落幕，标志着双方在深化校企合作、产教融合、共建协同育人机制方面迈出了坚实的一步。

在与东华理工大学师生合作的4年中，海尔创客实验室见证了每位同学的成长，他们取得的成绩有目共睹。校企双方也一直在思考，如何才能让每位同学真正懂得“创客”的意义，同时找到自己真正的兴趣所在。产品设计工作坊也在践行着一个合格的陪伴者和引导者的角色，让沟通变得更简单、更轻松和更快乐。

本书详细地介绍了近年来产品设计工作坊积累的大量以产学研协同创新为基础的设计成果，系统地讲述了产品设计的开发流程与注意事项。笔者在阅读本书时，可以体验到真实的产品设计与开发环境——提出问题、发现问题、分析问题并用创新思维解决问题。其中，创新的前提是发现问题，要求设计者具备敏锐的鉴赏力和坚韧的意志力。书中各项目组成员通过展开丰富的用户调研，在发现问题的基础上提出设计构想，用实践经历讲述什么是产品设计。就像飞利浦·斯塔克所说：“设计是拒绝任何规则与典范的，本质就是不断地超越与探索。”

同时，笔者欣喜地看到与海尔创客实验室合作的一些案例出现在本书中，这不仅是对双方合作的认可，更是对项目组每位同学工作的肯定，让读者朋友们更了解每一款产品设计背后的故事。这些案例的阐述，可以让读者对接企业项目，进而引起内心的思考——“如果是我，应怎样做？”在错综复杂的产品创新研发中探寻机会点并逐步突破常规，这是设计工作坊期望看到的结果。

产品设计工作坊通过一系列活动将学生的创造力激发出来，同时整合学科、产业、资金、导师等资源，帮助学生争取“学以致产”，旨在形成可复制和推广的创新经验和模式，带动形成全社会参与双创的良好氛围。产品设计工作坊的设计研究与成果，为相关行业提供了前景设计和基础研究信息。希望本书能让更多的人去了解设计思维，了解如何利用设计的创新思维打造出完美的产品。

设计是一种追求完美的生活态度，也是一种追求品位的生活概念。设计需要思维理念的创新，以及对社会文明的感悟。希望读者在本书的指引下，对产品设计有进一步的认识；同时，期待产品设计工作坊取得更多优秀的成果！

海尔创客实验室首席品牌官（CBO）
海尔互联网内容总监
2020年6月于青岛

前言

2011年，作者在国际合作课程中第一次接触到设计工作坊，来自俄亥俄州立大学的Scott老师在课程中反复强调着“Think big，then narrow down”这句话，意指解放自己的设计思维，随后经过层层分析回到设计需要解决的具体问题。

作者在英国留学时也接触到与设计工作坊类似的课程，在小组作品汇报完成之后，发现此阶段的成果与实践需求仍相差甚远，但课题的发布者似乎不完全以作品的完成度来进行评价，这个阶段学生原型创新能力和设计过程中的思辨能力更被重视。

目前，国内许多高等院校都有设计工作坊或者与其类似的课程体系，多以设计竞赛和校企合作项目为载体让学生进行设计实践。这给设计类专业师生创造了一个很好的创作环境，但设计工作坊的产出成果能否很好地满足企业方的需求，或者说以商业需求为导向的设计能否很好地解放学生的创新设计思维，这都值得教育工作者们持续探索。

通过设计工作坊建设、创新设计类赛事和创新教育课程等方式可以培养学生的创新意识、提升学生的创新能力，从而推动产教融合的理性发展。设计工作坊的形式区别于一般的学术论坛和研讨会，后两者更多地从学术、学问及学科角度进行多层次的交流，设计工作坊的运行成本较低，对场地的依赖较小，灵动多变，比较适合设计类专业的学生进行创作。

作者在成为一名设计专业教师后先后造访了飞利浦、海信、海尔等知名家电制造企业，在和许多设计行业的企业工作者们沟通之后，坚定了自己在教学中引入设计工作坊的信心。没有经过实践检验的理论多是空谈，目前，许多设计类专业工具书都有教授设计思维或者说创意思考的方法，但鲜有完成从 Design Thinking 到 Design Doing 的转变。

产品设计工作坊是以“创意、合作、实践”为特征，在产教高度融合的背景下探索设计教育科学发展的新模式。作者希望未来通过设计工作坊的不断努力，能够为更多设计类学者提供有益的示例和参考。

作　者

2020 年 10 月

目录

第 4 章

设计工作坊成果展示

第 5 章

第一章 概述

1.1
设计工作坊的定义

“工作坊”（Workshop）一词最早出现在教育与心理学的研究领域。20世纪60年代，美国的劳伦斯·哈普林将“工作坊”的概念引用到都市计划之中，使其成为可以提供各种不同立场、族群的人们思考、探讨、相互交流的一种方式。在设计学科发展的过程中，工作坊逐渐成为一种鼓励参与、创新及找出解决对策的活动形式。设计工作坊是一个团队合作的过程，在这个过程中，参与者需要发现问题、解决问题并最终在问题的解决方式上达成共识。

设计工作坊源于教学中的课程设计，它将会是设计类专业教学模式完成实践转向的重要组成部分。纵观教学设计的发展历史，专业教师所处的位置都在不断退后，从关注内容到更关注过程，从关注知识技能到更关注问题解决，从扮演课堂的主宰者到扮演设计工作坊场域的引导师，这些转变趋势让教学设计回归到解决问题、服务于组织和个人的初心上来。无论是培训师还是引导师，都需具备设计工作坊引导师的核心素养与技能，既能准备设计内容，又能引导学生进行设计思考与实践，并将其融合于设计工作坊的行进路线中。

设计工作坊的主题涉猎广泛，可包括绿色建筑、智能家居、设计扶贫、艺术介入、非遗活化、创新创业、服务设计、数据可视化、设计区块链等研究热点。本书介绍的设计工作坊主要来自产品设计专业教学大纲中的课程设计，它的工作周期和其他设计主题活动一样同为两三周，并以设计作品考核为结题办法。设计工作坊将定期邀请行业内相关设计创新践行者、专家学者进行方案的指导与总结工作。

1.2
设计工作坊的组织框架

以东华理工大学海尔创客实验室为例，此设计工作坊组织框架图如图1-2-1所示。设计工作坊旨在为学生搭建校内外资源整合平台，助力提高学生的创新意识、创业技能及实践创造能力。

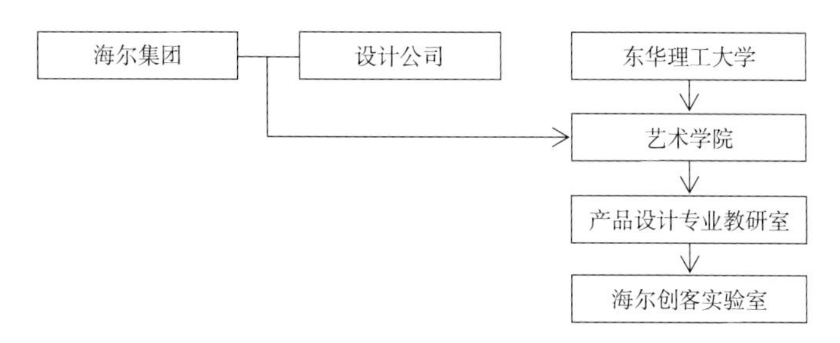

图 1-2-1 设计工作坊组织框架图

1.3 设计工作坊的活动流程

设计工作坊的活动流程见表 1-3-1。设计工作坊将在不同学期开展各类活动，帮助学生丰富专业知识与创客知识，满足学生的多重需求。

表 1-3-1 设计工作坊的活动流程

类别	活动名称	内容	学期
工作坊教育	课程设计	交流分享类活动，由高等院校教师或企业方代表主导，与学生交流分享某一方面的知识或自身创客创业的经历。参与人员可以是设计类各专业的学生	第二学期或第三学期
	主题沙龙		
工作坊实训	创客交流会	M-lab 独立主办活动，介绍项目后回答现场提问，并招募合作伙伴；满足创客多重需求，提高学生创客参与热情与黏性	第三学期
	产品设计工作坊	创客实验室项目团队定期进行项目研发学术交流，以实践设计项目为主	第四学期至第七学期
成果汇报	设计答辩	设计工作坊将联合创客实验室负责人、设计师对项目进行点评及指导	每学期进行
	优秀作品展示	展示优秀的创客项目，同时参加国内外设计展览	每学年进行

1.4 设计工作坊的参与者

2015 年，东华理工大学艺术学院产品设计工作坊开始筹备，次年与海尔创客实验室达成正式合作关系。经过设计工作坊场地布置、团队组建、企业走访调研等前期准备工作后，产品设计工作坊于 2016 年正式上线，并于 2018 年被授予海尔重点创客实验室。

产品设计工作坊参与人员主要来自东华理工大学艺术学院和创新创业学院的师生，学生招募范围包括大二至大四的设计类专业学生，由八或九人组成一个设计团队（见图 1-4-1）。产品设计工作坊的主要合作企业方为海尔创客实验室，其他企业合作方有海信集团工业设计中心、长虹创新中心、北京格物乐道科技有限公司、青岛桥域创新科技有限公司。

图 1-4-1　产品设计工作坊漫画示意图

1.5 东华理工大学海尔创客实验室

东华理工大学海尔创客实验室是跨学科的设计工作坊，来自不同专业甚至不同学科的学生汇聚于此进行集体创作。在过去的 6 年中，设计工作坊的课题主要以企业命题和专业赛事为主，设计工作坊的同学们积极参与海尔众创意和海尔开放合作平台的活动，其中两项设计成果分别被企业采用，并进入企业产品设计开发的竞标阶段。

截至目前，海尔创客实验室团队设计成果已获得十余项国家实用新型专利授权，获得由教育部颁发的全国大学生艺术展演三等奖一项，获得“互联网 +”创新创业大赛红色筑梦赛道校赛三等奖，获得江西省工业设计大赛及相关专业竞赛一等奖五项、二等奖八项、三等奖十余项。

设计工作坊鼓励学生们去发现生活中存在的各种问题，找出他们最感兴趣的问题，确定目标群体，然后提出系统性的设计概念。在这个过程当中，来自不同专业的学生需要协作研究设计课题，基于提出的设计方案进行评估检验，最终与设计工作坊的负责人共同选择合适的方案进行原型制作。

设计工作坊每年暑期都会推荐产品设计专业学生参加海尔高校创客夏令营组织的设计活动，该活动不仅训练学生的创新思维能力，也在实践中帮助学生清楚地认识产业文化和模型制造等相关知识（见图 1–5–1 ～图 1–5–4）。虽然每一年创客活动的主题会发生变化，但是核心学习目标和作业过程基本上是相同的。

海尔高校创客夏令营鼓励学生们用不同的专业知识表达他们的设计想法，海尔高校创客夏令营的导师们强调，虽然在短时间内获得问题的有效解决方式未必现实，但是在解决问题的过程中良好的沟通能力和问题的研究过程才是最重要的。

图 1–5–1　海尔大学刘勇老师在细心讲解，以及创客实验室获得的创新教育示范院校奖奖杯

图 1–5–2　东华理工大学艺术学院学生在进行设计分析

图 1–5–3　青年创客们交流分享场景

图 1–5–4　海尔高校创客夏令营合影

第2章

设计创新思维

2.1
不仅以用户为中心的设计

UCD（User Centered Design）是"以用户为中心"的设计方法。在当代设计理念与方法中，这个词汇总是会被反复提及，在进行产品设计时从用户的需求和感受出发，围绕以用户为中心设计产品，这似乎已成为设计界的经典法则。"以用户为中心"从定义上理解为不让用户去适应产品，在产品的使用流程、产品的信息架构、人机交互方式等，都需要考虑用户的使用习惯、预期的交互方式、视觉感受等方面。可是，过度地强调"以用户为中心"的设计会降低设计师的引导性和用户的主观参与度。设计师应当重新审视自身与用户的角色关系，了解用户的真实期望和目的，而不只是去做假设或者代替用户去做需求选择。

以用户为中心的设计理论最初探索来自现代人机工程学的诞生期，学科思想在此期间完成了一次重大的转变：从以机器为中心转变为以人为中心，强调机器的设计应适合人的因素。但在20世纪五六十年代，系统论、信息论、控制论这"三论"相继建立与发展，人机工程学学科思想又有了新的发展，与人机工程学建立之初强调的"机器设计必须适合人的因素"不同，国际人机工程学学会（International Ergonomics Association，IEA）的定义阐明的观念是人机（环境）系统的优化，人与机器应该互相适应、人机之间应该合理分工。人机工程学的理论至此趋于成熟。

本节论述的观点并非否认以用户为中心的设计思想的重要性与正确性，正如人机工程学发展所经历的几个阶段一样，设计思想从许多古代论述中便可觅得踪迹，随后经历理论的孕育期、成熟期和发展期，演变为具有普遍指导意义的学科理论。那么，以用户为中心的设计思想当前如何演进？今后还将如何演进呢？

2.2
服务设计理念

在经济学视角下对服务活动进行研究，可以追溯至英国古典政治经济学家William Petty（1662年）在《赋税论》中的观点："在商品交换初期，服务依附于产品的生产和交换活动中；随着社会生产力的发展，服务才成为一种专门职能、独立的经济部门和研究范畴。”

1994年，英国标准协会颁布了世界上第一份关于服务设计管理的指导标准（BS 7000—3：1994），最新的版本为（BS 7000—3：2008）。服务设计是一种新的跨学科设计思维。在不少欧美国家，人们对服务设计的需求及兴趣程度呈急剧增长状态。在英国，从事服务设计的公司有Live/Work、Direction Consultants、Engine等；在美国，著名的设计公司IDEO也增加了服务设计业务内容。服务设计作为一门新兴学科在欧美一些发达国家的设计院校中已经具有一定的开设经验，而国内的一些高等院校在设计学院中也逐渐引进服务设计专业。

社会生产力的高速发展促使服务成为一种专职技能和研究范畴。服务设计以交互设计、以用户为中心的设计和创新管理等学科的概念和方法为基础。随着设计师将这些学科的方法和过程应用到服务领域，服务设计应运而生。服务设计将逻辑思维与感性用户体验融为一体（见表2-2-1），服务设计可以小到发现细节，改善服务环节，也可以大到对整个组织进行重新规划与管理。服务设计的思维方式，让设计不仅停留在产品层面，而且关注用户体验及交互关系，旨在帮助设计师在项目实践的过程中，具备更加严谨与理性的逻辑思维，使设计师与用户达到利益最大化。

表2-2-1　服务设计原则在设计工作坊中的体现

项　　目	以人为本	共同创造	迭　　代
平台定位	尊重学习需求和偏好的个体差异，匹配多元空间	召开设计研讨会，组员共同参与设计	项目组成员轮换、探索不同专业背景下学生合作设计方案的效率和产出质量
学术研究	观察、研究不同类型用户的情感需求，分析用户偏好对产品的影响因素	通过设计研讨会，学生、专业教师、企业相关负责人共同探讨设计的可行性	结合设计多元化背景，应用不同的图形制作与数据分析软件
产品设计	根据用户的接受程度，分析提出合理的解决方案	师生与研究人员一同提出设计方案	根据企业方实际需求，对已有合作项目的设计原型进行分析与测试，提出优化方案
科研支持服务	依托高层次学术科研团队的研究项目和科研实践	邀请学校合作平台的设计师参与设计答辩和分享经验	形成创新与改进设计的实用方法，为企业方提供专业意见

2.3
服务设计视角下的共享设计

与传统设计不同的是，服务设计更关注产品配套服务的设计，其设计的流程更依托于服务的商业活动，通过服务满足用户的需求，达到提升产品价值的目的。在服务设计广泛应用的过程中，共享理念逐步兴起。

2.3.1 共享理念

就共享理念对象而言（共享理念构架图见图 2-3-1），当下无论是公共共享设计，还是商业共享设计，都指向一个宽泛的“群体”，即以城市空间为单位，尽可能将具有区域聚集特性的多元化个体纳入设计资源的共享行为中。共享设计的主体看起来只受时间、空间等物理条件的限定，而没有任何来自性别、年龄、教育背景、经济条件等方面的限制因素。共享设计成为一个带有浪漫主义色彩的理念被推向公众，让公众共同展望一个什么都可以实现低成本共享的未来社会。

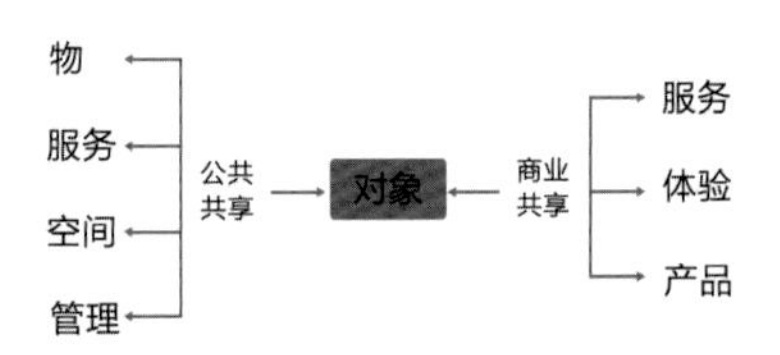

图 2-3-1　共享理念构架图

设计与人们的日常生活息息相关，在“互联网 +”时代，“共享”已经成为人们追求潮流的一种生活方式，它最大的特质是人们不需要对一件东西拥有所有权就可以随时使用。在共享经济模式中，物品的所有权被使用权所代替，“交换价值”被“共享价值”代替，这种提高利用效率、减少资源浪费的模式符合可持续发展的理念。

“共享经济模式”最早源于美国，最成功的是 Uber（优步）和 Airbnb（爱彼迎），一个是网约车，一个是民宿，它们都是 C2C 的模式，是个人对个人的交易。共享经济下涌现出了产品服务体系创新、平台创新和协同式生活方式创新等新服务模式，如在我国，滴滴打车等成为其中的佼佼者。市场和用户对于消费新大陆的发现都很兴奋，可是在短时间内，共享设计似乎迅速退去了昔日的光环，以惊人的速度“坠落”。

2.3.2 共享设计案例分析1——共享单车

1. 共享单车的崛起

从消费经济上讲，共享单车是一种新颖的交通工具租赁模式或业务，充分利用自行车的属性和特征进行的一种资源共享的行为模式。共享单车抓住了用户的懒惰性，也抓住了用户生活中的痛点，让用户暂时的有的放矢，解决了城市中的一些问题，具有如下优势：

（1）方便快捷。

共享单车的使用流程是在手机上进行的，方便用户使用，且暂时性地抓紧了“非顾客”的钱包。

（2）低碳环保。

在提倡低碳环保的社会背景下，共享单车的使用减少对大气环境的污染，对骑行用户自身也是一种身体锻炼。

（3）减少交通拥堵。

堵车一直是让人们厌恶的事，共享单车的出现解决了部分城市短距离出行的问题，并在一定程度上缓解了城市的交通运营压力。它很好地抓住了人们对“最后1km”的需求，做到了绿色出行。

（4）逐步削弱“黑摩的”势力。

在许多城市，“黑摩的”遍布在火车站、汽车站、地铁站、公交站等地方。虽然城市管理部门的监管力度逐渐加大，但“黑摩的”就像黏皮糖一样清理不干净，而共享单车在不经意间抑制了“黑摩的”，同时对交通管理作出了贡献。

（5）提升用户幸福感。

“单车出行”已经随着社会经济的发展成为人们的时代记忆，共享单车的到来唤醒了人们以往的“幸福记忆”，骑着单车、看着风景、吹着微风的幸福感丰富了用户的情感体验。

（6）租车费用低廉。

以3km以内的短距离出行为例，传统的出租车和滴滴出行一般收费为十几元，而共享单车的使用费用每小时仅需1元左右，可见共享单车是一种更为优惠的选择。

2. 共享单车的设计专利

传统的单车由于链条的长时间使用会发生跳齿，从而导致返修率高等问题。新款的摩拜单车采用更为先进的汽车级齿轮传动设计来替代传统链条，这样不仅节省了骑行者的体力，也不必担心链条会卷到骑行者的裤脚或者裙子。

摩拜单车传动轴系统如图 2-3-2 所示，当骑行者踩脚踏板，通过锥齿轮传动，带动轴 601 转动，轴 601 再通过一组轴齿轮带动轴系统转动，这样就把脚踏的动作传递到后轮。摩拜单车的确在自行车工程技术方面进行了深入的研究，包括智能锁、电源、转动车铃、可升降座椅、防爆实心车胎、碟刹、车筐等。

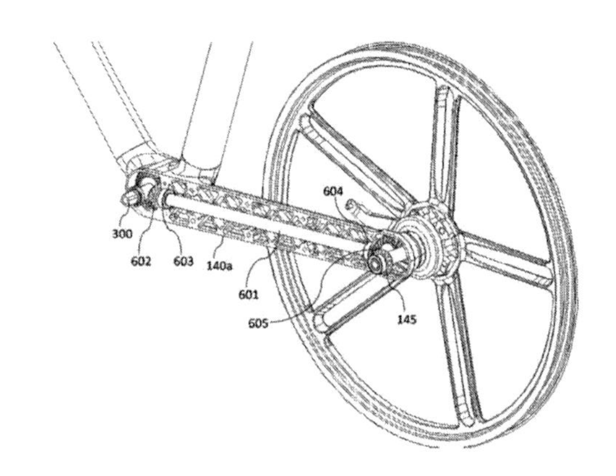

图 2-3-2　摩拜单车传动轴系统

3. 共享单车的衰退

世上没有一样东西是完美的，共享单车也不例外，免费“薅羊毛”的共享经济，总免不了无序和混乱；只有触及明确的个人利益，才能看到秩序。共享单车的衰退原因大致可归纳为以下几点：

（1）乱停乱放，阻碍交通秩序。

没有固定停车点的共享单车刺激了部分人天生的惰性，甚至有些消费者为了维护自我利益产生贪婪的欲望，把共享单车占为己有，肢解毁坏共享单车等行为也时有发生。共享单车如火如荼地发展，也以“迅雷不及掩耳之势”暴露了人性的弱点。

（2）高成本的维修与管理。

由于人为因素，使得很多损坏的共享单车难以修复。在共享单车的生命周期中（见图 2–3–3），共享单车维修及升级变得异常困难，进而压缩了共享单车的盈利空间，而废弃的共享单车在加剧生态环境负担的同时也加速了共享单车的衰退。

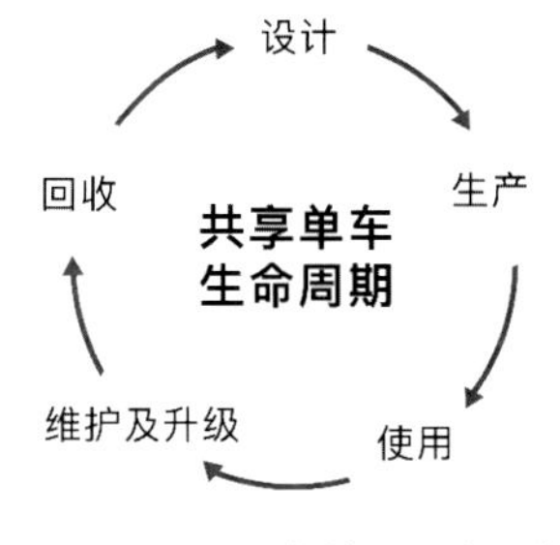

图 2–3–3　共享单车生命周期

（3）充值容易、退费难。

市面上各类共享单车在使用前需要预先支付押金，押金费用多为 198 元或者 298 元，对于大众群体来说押金费用偏高，且押金退款时间漫长，某些共享单车甚至出现了押金无法退还这种欺诈消费者的行为。

（4）残酷的市场竞争环境。

共享单车行业竞争激烈、企业众多。有些企业采取不良竞争手段，如频发的价格战，运用远低于行业平均价格甚至低于成本的价格提供产品，导致行业无序竞争。这种不正当竞争现象是对公共资源的浪费，导致该行业前期因野蛮发展而带来种种弊端。

服务设计思维下的共享单车设计符合新时代消费趋势，这种以利益共享为目的的新经济模式形成了共享经济最有价值的一部分。但是，迁就“非顾客”需求的经营模式难以长期维系，这才导致不少共享单车被损坏或占为己有，在公交车站和地铁口附近道路被大量共享单车堵塞，许多小区、校园都贴出“共享单车禁止入内”的标志等社会现象。

4. 共享单车的演化与博弈

许多青年创业者热衷投资炒作的方法，以为只要不倒就是赢家，摩拜和 ofo 在半年之内挤掉了 60 多家竞争者，到最后才发现这场资本博弈并没有真正的赢家。共享单车高估了社会的秩序性，盲目相信资本进行揠苗助长的行为，早晚会被市场所淘汰。

共享单车的衰退对共享经济造成了一定的影响，曾经有效的成功套路和“烧钱”的经济行为被终结了，但是也正因为它的出现为今后的共享电动和共享汽车积累了不少的经验和教训。服务设计是具有容错性的，基于共享经济的服务设计研究是一个在不断试错中演化的过程。

2.3.3 共享设计中设计师的新职责

协调用户合作需求与用户间分享行为的过程对设计师提出了全新的设计职责，设计师将不再仅仅以设计产品来服务人们的日常生活，且需要以人们的活动为中心创造一种共享的生活模式。设计师挖掘“共享设计”最大的价值意义是为人们提供更好的服务及更好的体验与价值。共享设计将建立起一种新的生存和发展需要，不断增加社会责任感。在共享的时代，设计师们将更加注重人文感受的传递及深入生活的情感体验。

2.3.4 服务设计案例分析 2——喜茶

近年来茶饮行业迅速扩张，无论是喜茶、奈雪の茶、一点点，还是因为抖音走红的答案茶和鹿角巷，都吸引了无数消费者的目光。

当大家谈到喜茶时，首先想到的是取餐等待时间，而非茶饮的口味，长龙般的排队景象在喜茶门店可谓司空见惯。在餐饮业，让顾客长时间的等待是不利于消费体验的，尽管喜茶有小程序下单功能，但仍经常出现爆单情况，导致小程序停止接单，需要消费者去现场排队取餐的状况，可是这并没有减退消费者的购买热情。

消费者个性化的需求在“网红时代”得到了极大的释放，一份关于“喜茶认知者分类情况”的报告表明了消费者注重网红产品外观属性，追求“高颜值”，重视感官体验、社交体验；追求时尚，愿意为网红品牌支付更高价格；热爱新事物，追求创新与多样性等行为表现。

1. 喜茶的服务体验分析：关注整个服务流程

服务具有无形性的特点，它贯穿于消费者进来的那一刻直到离开的最后一秒钟。许多商家在打造爆款产品时，往往只考虑如何让用户分享产品的社交媒体部分，设计的关注点集中于用户体验和商家利益相关的售前部分，没有考虑到全流程的用户体验，难以让消费者与品牌建立情感联系。喜茶更关注整个服务流程（见图 2-3-4），喜茶的排队取餐作为用户体验的服务开端，虽然让不少消费者望而却步，但并没有影响成功“种草”的消费者对其整体服务的评价结果。

图 2-3-4　喜茶的服务流程

2. 创意＋设计

喜茶放弃了传统台式奶茶和港式奶茶的运营模式，融入潮流元素，打造一种“以茶香为主配置”的健康奶茶，并不定时地推出时令新品以满足消费者的不同需求。如图 2-3-5 所示，喜茶的包装、视觉形象与茶饮产品的创新符合“茶饮的年轻化”的潮流趋势，进而引领全新的消费潮流。

图 2-3-5　喜茶“苏州初见”主题设计

3. 不同门店的空间设计

喜茶的门店空间设计并没有采用连锁门店的统一装饰风格，其旗舰门店结合了当地“茶文化”和城市风格，并由不同设计师独自设计，将“禅意”“茶园”“美学”“现代主义”等元素融入门店设计，营造层次丰富的空间，为消费者带来多维度沉浸式的感官体验。消费者拿着朋友圈的“晒单”茶饮产品，门店明亮、时尚、舒适的空间营造也成为消费者热议的话题。

此外，喜茶注重营造全新的社交体验空间，喜茶把不同尺寸的小桌子拼成不同人次的大桌（见图 2-3-6），打破了传统茶饮或者咖啡厅的座位布局，试验了一种全新的社交方式，为顾客的互动提供了更多可能。

喜茶在网红消费时代的崛起，受益于自身精准的品牌定位和整体设计理念，但其服务设计模式及内容在未来仍有较大的成长空间，最终结果还需要消费者和时间来检验。

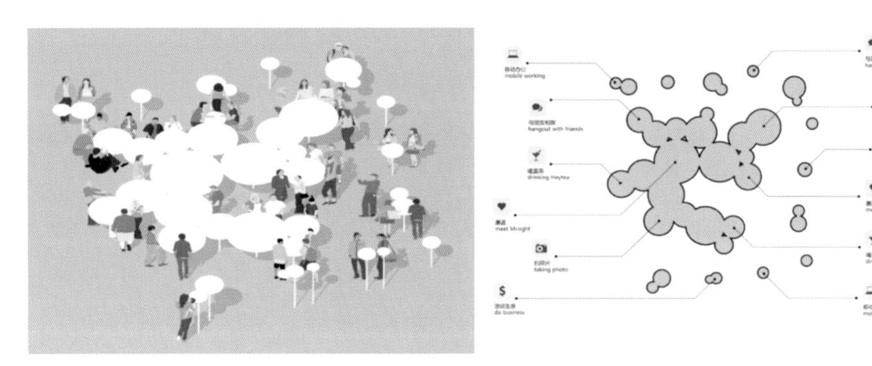

图 2-3-6　喜茶空间设计

2.4

服务设计中的共创过程

服务设计遍布我们生活中的每个角落。随着社会与经济的发展，人们的价值观、消费观得到不断的提升，现有的设计思维和服务系统已经无法满足人们对体验日趋高涨的要求。服务设计秉承用户为先的策略，在考虑与用户接触的方方面面后制定策略，以打造完美的品牌形象与用户体验。服务设计在提升用户忠诚度方面发挥着重要的作用，如“两间毗邻的咖啡店，以同样的价格出售同样的咖啡时，服务设计是让你走进其中一间而不是另一间的原因”。

共同创造是服务设计的一个重要方法。在服务设计的过程中，设计师应该起到引导和协调的作用，把服务者、服务接受者等相关人员请到一起来共同参与设计。这种设计过程中的共同创造有些类似协同设计或者参与式设计，并不是服务设计所特有的。服务设计中共同创造过程是对“以用户为中心”设计理念的重新解读。

美国两位著名的营销学家 Stephen Grove 和 Raymond Fisk 在 1983 年提出的服务剧场理论中将服务比喻为剧场演出，服务者是演员，消费者是观众，各个服务要素都影响着最终的服务体验。服务剧场理论模型的意义在于将服务分解为具体的环节和要素，从而指导服务者的行为。

2.4.1 服务剧场理论模型

服务剧场理论模型见表 2-4-1，分为观众、表演、演员和场景 4 类。

表 2-4-1 服务剧场理论模型

类型	内容
观众	（1）消费者参与服务过程的情绪与态度； （2）消费者参与服务过程的行为表现； （3）服务场景中消费者与消费者之间的互动
表演	（1）服务流程； （2）服务的品质与价格； （3）消费者获得服务的等待时间
演员	（1）服务人员的专业素养与技能水平； （2）服务人员参与服务过程的情绪与态度； （3）服务人员了解消费者个性需求的能力； （4）服务人员的沟通与引导能力
场景	（1）服务空间设计； （2）服务空间的安全与清洁

服务是商品的核心主体，在传统服务过程中秉持的仍然是效率和功利原则。比如，在传统接待或餐饮服务中，尽管服务提供商会尝试差异化服务手段，但常常局限于通过服务流程的规划，以保证服务质量的稳定性和可靠性，合理地节约成本。在这里，效率原则和管理工程的思维同样会主导服务的设计和生产传递。在不少连锁餐饮服务中，标准的服务流程、精准的时间节点、职业化的微笑都会让消费者感受到专业和高效，但很难在服务的过程中，让消费者感受到因被个性化对待而可能产生的惊喜。

2.4.2 服务设计在传统商业领域中的成功案例

案例一：迪士尼乐园的服务体验设计

去过迪士尼游乐园的人可能会发现，迪士尼乐园的员工服务，与其他旅游接待行业一样热情、规范，但他们没有其他旅游接待行业常见的“职业化微笑”。迪士尼乐园鼓励员工在察言观色中与消费者进行个性化的互动，通过互动和角色扮演创造差异化、个性化的用户体验，使顾客产生长久的记忆。因此，很多家庭去迪士尼乐园游玩，未必是为了某个特定的游乐项目，他们期望的是在一个特定环境中获得一个值得家庭长久珍惜的共同记忆，以及由此产生的家庭成员之间的对话、沟通机会。当体验个性化需求得到满足时，服务提供者可以改变消费者的情感体验，这就是服务传递过程中人与人之间共同创造过程，也是服务设计的最高层次。

案例二：无压力地铁——韩国首尔公共交通宣传活动的服务设计

如图 2-4-1 和图 2-4-2 所示，该活动旨在帮助韩国首尔的居民在使用公共交通工具时减少压力。设计团队研究了用户的认知、行为和情感特征等相关资料，以识别不同的压力类型。通过包含各种内容的标牌列出每种压力的解决方案，其中包括直观信息、指导性信息、通勤者（从家中往返工作地点的人）空间使用情况的描述，以故事形式呈现的社交礼仪等。对此项宣传活动的评估表明，这种设计方式提高了用户对公共交通工具的满意度，并改变了他们的感性体验。

图 2-4-1　无压力地铁展示一

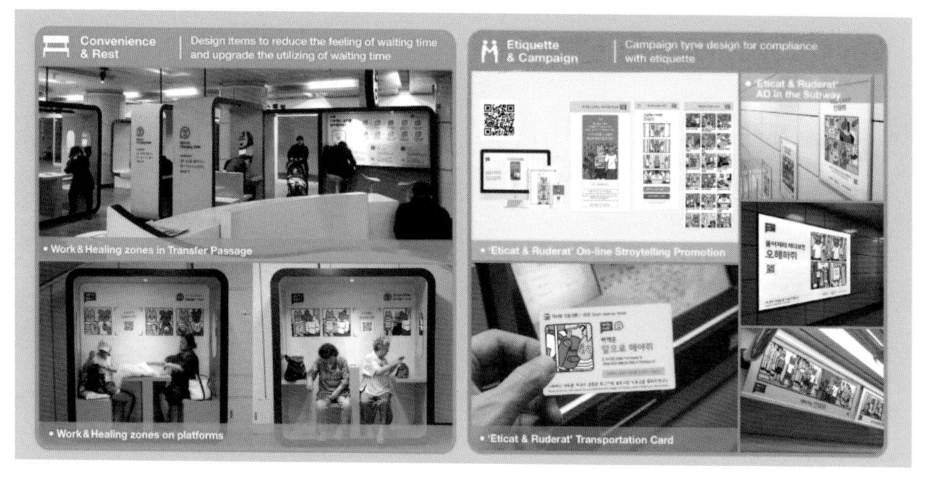

图 2-4-2　无压力地铁展示二

2.5 服务设计的课程内容

服务设计作为一门新兴专业，在国内尚处于起步阶段，它注重设计思维与方法论的学习。服务设计课程内容与社会热点、公共环境、公益组织等联系密切。服务设计课程的导师通常会组织学生进行社会创新设计实践。

2.5.1　英国皇家艺术学院的服务设计课程

目前，服务设计课程已在众多高等院校开设，本节以英国皇家艺术学院开设的服务设计专业为例进行介绍。在课程开始时，课程导师会向学生介绍整个课程的应用范围，共同设计反映其学习背景和学习目标的个性化学习途径，并向学生介绍可用于实现这些目标的资源和技术支持。

英国皇家艺术学院的服务设计硕士研究生课程是以服务为导向开展的先锋设计课程。硕士研究生毕业后可在零售批发公司、核心顾问公司、政府部门、国际机构和运输、电信、金融服务等行业工作。该课程的本质在于协助企业和政府解决现在及未来创造新的服务行业所要面临的文化内涵缺失，以及技术运作不畅和冗杂的系统问题。

服务设计课程贯穿了 3 个主题：

（1）创建新的服务销售模式，聚焦于人力资源需求与服务组织的衔接，如零售、银行、酒店和医护等行业。

（2）关注公共设施的创新，如交通、医疗及教育等领域。

（3）通过技术、环境和社会驱动创新服务模式与用户体验。

学生可以和众多行业及公共部门协同开展项目，开发创新解决方案，重塑和完善生活环境。

服务设计作为高等院校的新兴专业，为跨学科设计创新提供了独特的解决方法。英国皇家艺术学院服务设计专业吸引了来自不同学科和文化背景的学生，包括社会科学、工商管理、计算机工程、医学及美术学等专业方向的学生，让来自全球不同国家的留学生获得机会重塑自己的设计认知与实践。英国皇家艺术学院服务设计专业的学生可以参加学校组织的服务设计基金会等资源共享平台，教师每周举办一次的研讨会也是重要的学术活动之一。

学生通过小组项目和个人项目的设计实践，以设计师的角色讨论观察结果、表达设计思维并最终提出解决方案。最终的设计项目主题可以由学生选择，但大多在居民健康和福祉、能源和环境、社会公益等主题的框架内进行，并从三个平台中的一个或组合的角度来提出解决方案。英国皇家艺术学院服务设计专业的课程成果展示以视频、故事板、表演、模拟和产品模型制作等媒介为主（见图 2-5-1），学生在广泛调查和科学研究方法的基础上，展示自己的设计思维及能力（见图 2-5-2 和图 2-5-3），提出服务原型设计的解决方案。

图 2-5-1　服务设计案例分析与逻辑构建场景

图 2–5–2　服务设计案例成果展示

图 2–5–3　服务设计工作坊场景

2.5.2　伦敦艺术大学的服务设计与创新课程

服务设计与创新是伦敦艺术大学开设的研究生课程，旨在帮助学生开发并运用服务设计思维发掘设计机会。服务设计强调设计思维的周密性，是一门以人为本，而非以用户为中心的课程，它涉及体验设计和系统设计的集成方法，并要求在基于系统的解决方案中集成多个设计规程。

伦敦艺术大学的服务设计与创新课程提供了对创新服务概念、执行技术、商业和组织背景的深刻理解，并反思了服务设计实践中所需的工具、技术和方法。该课程旨在帮助即将毕业的学生能够在战略和操作层面上参与服务设计，在商业、消费者和公共部门创新服务的设计和部署方面潜在地领导跨学科设计团队，并培养学生的商业技能，如商业战略、组织行为、商业规划和创新管理。

服务设计与创新课程是设计实践对服务和体验的应用，让学生深刻理解体验设计和服务创新的社会、环境和商业背景的重要性，以及更广泛的系统背景。该课程项目各式各样，如构想一项服务以缓解伦敦市老年人面临的"数字鸿沟"，解决因信息技术应用手段匮乏而导致难以解决的社会问题。该课程团队内的学生参与的服务设计项目主题和服务范围具有全球化的特点，如重新设计印度的教育系统、为志愿者提供数字服务等。

2.5.3 服务设计就业情况

服务设计的毕业生可以从事众多行业，他们所学的这些知识和技能在企业、政府或从事学术工作时都能获得很大的用处。毕业生多担任服务设计师、研究员，或是体验设计师、设计战略师、用户顾问和学者。

在课程学习期间，学生有很多机会参与企业的实体项目及特定活动，如参与校方与企业合作伙伴共创的服务设计实践项目，在不断累积设计实践经验的过程中，为其在企业设计部门担任设计师，抑或是高科技公司担任设计顾问打下良好的基础。

2.5.4 服务设计展望

在设计思维和用户体验融合的过程中，服务设计比以往任何时候都更加引人注目，传统服务业通常被认为是多数发达经济体的重要组成部分。设计是确保事物符合其生产目的的过程，因此服务设计可以潜在地应用于塑造许多人类活动，它在创新或改进服务过程、用户体验、教育工作、政府决策和组织战略等方面都应该有一席之地。

服务设计将设计实践应用于服务行业——从零售和银行业到交通、健康和教育，服务设计被广泛应用在各种领域，用来改变消费者和城市居民的生活体验。

服务占经济的80%左右，为寻求有所作为的设计师提供了一个新的领域。从迪士尼乐园到顶尖的互联网公司，服务设计正成为新的增长点。通过服务设计，人类重新构想未来。服务设计正为医疗、交通、教育和零售业带来创新和以人为本的方式。服务设计可以帮助企业和政府提高并改善产品的人文体验，完善公共服务体系，并在一定程度上解决社会矛盾，这种以人为本的解决方案正逐渐成为一种具有公信度和影响力的设计形式。

2.6 信息可视化在设计课程中的应用

信息可视化（Information Visualization）是一个多学科交叉领域，旨在研究大规模非数值型信息资源的视觉化呈现。近年来，国内许多高等院校中的设计类专业都增设了信息可视化设计（Information Visualization Design）课程。信息可视化设计并不仅仅是把冰冷的数据转换为图形文字，换上华丽的色彩，抑或让观众看起来更具视觉冲击力，其核心意义在于揭示数据中蕴含的规律。

在“大数据”时代到来的今天，与信息可视化一起被提及的还有数据可视化（Data Visualization）。数据可视化和信息可视化是两个相近的专业名词。从狭义上理解，数据可视化是指数据用统计图表方式呈现，而信息可视化则是非数字的视觉化呈现。前者用于数据的分析及处理，并最终达到传达和沟通的目的，后者用于表现抽象或复杂的概念、技术和信息。从广义上理解，数据可视化则是信息图形、信息可视化、科学可视化等多个领域的统称。数据可视化是一个不断演变的概念，其内涵与技术边界也在不断地扩大。

信息可视化课程内容因专业背景差异化有着不同的侧重点，设计类专业的信息可视化课程主要关注抽象数据向具象图形的转化过程，以创建易懂、易识、美观的信息图形为主要教学目标，并在教学过程中引导学生了解数据对象的特点、数据到图形的映射方法、视觉形式上的设计规律等内容。而计算机类专业的信息可视化课程更注重对学生数据素养的培养，通过进阶的计算机软件分析去了解和研究信息可视化设计的目的和意义。信息可视化课程的教学构思如下。

（1）信息可视化课程是以“问题”为导向的一种教学模式，课程目标在于引导学生根据发现的问题，以信息可视化设计提高设计受众对于“答案”的认知效率。

（2）信息架构之父理查德·S. 沃尔曼在他的《信息焦虑》一书中提出了“五帽架”概念，并逐渐形成了“LATCH”原则，即位置（Location）、字母（Alphabet）、时间（Time）、类别（Category）和视觉层级（Hierarchy）。例如，设计师可以使用“五帽架”中的字母顺序和分类法让信息设计变得井然有序，用时间和位置法则来表达值得纪念的事件。在此基础上，学生可通过课堂演绎的方式让信息可视化设计变得可信与易懂。

（3）在课程设计中使用观察与记录的方法获取数据对象的行为和特征，通过对数据进行分析和研究，最终将设计对象以视觉呈现方式转换成具有引导性的逻辑结构和叙事流，以此培养学生在数据表达与受众认知之间建立高效沟通方式的能力。

随着信息技术的发展，信息可视化已成为热门的专业领域，设计师或者学生可以利用可视化技术挖掘和自身密切相关的事物间的联系，从而引发对于社会问题的设计灵感，并对设计师的社会职责进行重新思考。

案例分析：儿童快餐包装袋设计

儿童快餐包装袋设计是来自史艾女士所在的设计小组的设计案例，此案例重点展示了设计问题的发现和设计机会的挖掘的设计过程，在大量的调研及分析基础上提出了解决方案。

观察：如图 2-6-1 和图 2-6-2 所示。

地点：南京市某小学。

时间：小学生下午放学时间。

目标人群：放学后购买街边店铺零食的儿童。

通过对儿童行为的观察与分析（见图 2-6-3），小组成员发现以下行为与现象可能会导致儿童走失：

（1）儿童在步行时过多地关注手中的零食。

（2）在吃冰激凌时需双手握住且注意力集中。

（3）儿童在吃东西时容易忽略身旁的家长。

（4）家长在帮孩子买零食的时候容易忽视他们。

图 2-6-1　南京市某小学前门与另一侧校门

图 2-6-2　观察期间拍摄的照片

图 2-6-3　观察分析之一

如图 2-6-4 所示，以下行为与现象可能会导致儿童受到伤害：

（1）有些零食包装十分尖锐。

（2）许多零食并不健康。

（3）儿童习惯于坐在自行车或摩托车后座吃东西。

如图 2-6-5 和图 2-6-6 所示，小组成员还发现以下行为与现象：

（1）手中拿着零食的儿童很难爬上自行车或摩托车后座。

（2）儿童购买零食时的从众心理开始显现。

图 2-6-4　观察分析之二

图 2-6-5　儿童较难爬上自行车或摩托车后座

图 2-6-6　儿童购买零食出现从众心理

设计机会分析——扇形思维导图应用

头脑风暴法（Brain Storming），是指由美国 BBDO 广告公司的奥斯本首创的思维拓展方法，是产品设计创新思维中比较常用的创意收集方式，它简单、快捷。随着数据分析软件的升级和广泛应用，头脑风暴法在创意汇总中变得低效，有些团队在头脑风暴法的使用上屡屡受挫，发现头脑风暴法没有为其解决实际问题且还耗费很多时间。

如图 2-6-7 所示的扇形思维导图是在前期实际调研的基础上，学生从“为什么”和“做什么”拓展设计的核心问题，随后进行整理、归纳、统计，反馈给指导教师，征求意见，再集中、反馈，直至得到一致的分析结果、可行性方法及最终设计方案。

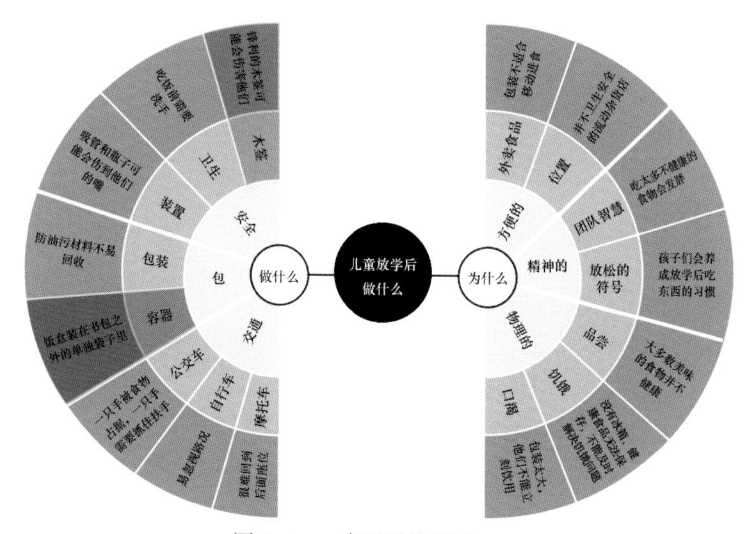

图 2-6-7　扇形思维导图

设计方案展示

根据前期调研，学生最终设计了两款产品：胶囊竹签设计和带有筷子收纳功能的食品包装袋设计。设计展示如图 2-6-8 和图 2-6-9 所示。

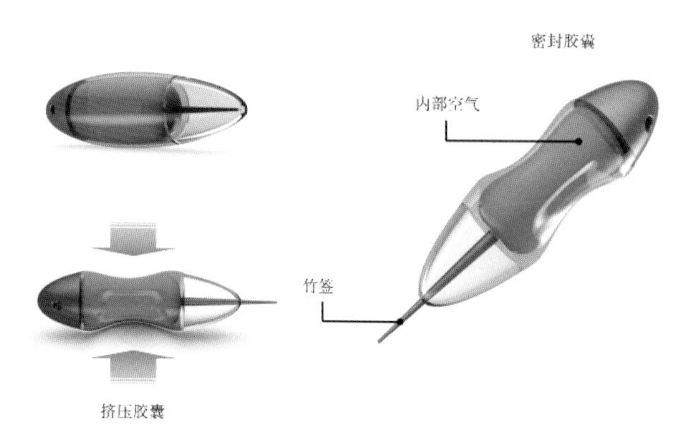

图 2-6-8　胶囊竹签设计

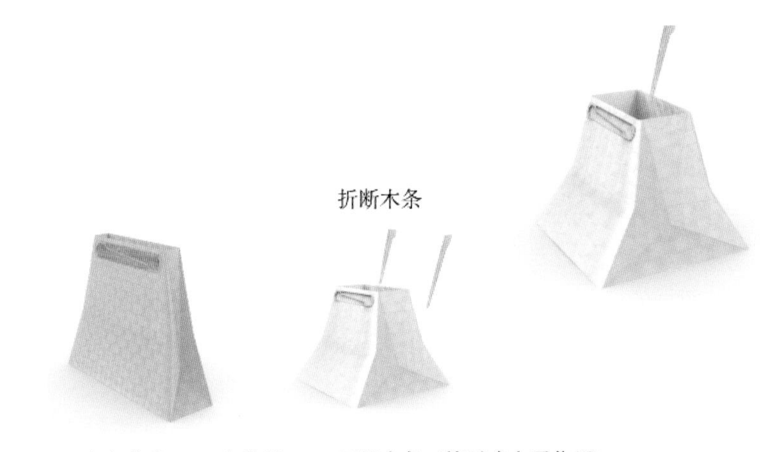

图 2-6-9 带有筷子收纳功能的食品包装袋设计

总结

这是一个为期 4 周的研究生课程，学生的任务是设计一款适用于儿童的食品包装方案。经过大量的实地调研和观察，各组学生可以从扇形思维导图中选取两个关键词进行设计，最终以答辩形式决出各小组的最优方案。该设计工作坊项目由学校聘请的外籍教授指导，设计过程侧重创新设计思维的解放、基础用户调研和设计方案的可行性研究。产品设计工作坊鼓励参与的学生在设计项目开发前进行实验性和研究性的探索。

产品设计专业的学生此前很少接触视觉传达设计与交互设计的专业知识，扇形思维导图对于课程中的每位同学来说都是第一次接触，它是信息可视化设计内容的分支。但是，扇形思维导图并非只是精美的设计排版，它包含提供—使用—反馈循环及非线性信息导航等。

食品包装设计是一个有着成熟开发经验的设计类别，带有筷子收纳功能的食品包装袋设计通过渐进式创新方法不断提高产品的可用性，而胶囊竹签设计这一看似激进的设计思维可以创造新的产品类别。设计研究的角色就是去探索和强调科技的新含义，并且把这些新内容应用到正确的环境和产品当中去。在这个设计过程中，学生虽使用同类型扇形思维导图，但并不是在做通用性设计，老师一直鼓励每组学生的设计要有自己独特的风格，能够准确传达自己的设计思想。

2.7 设计师的叙述性设计方法

叙述性设计方法是设计过程中理性与非理性进行融合的一种沟通方式，该方法在艺术设计领域的应用越来越广泛。故事叙述有别于传统“内容决定形式”的设计过程，不再只重功能的表述，更多从内容出发，追求表达更有效率且易于理解、记忆的叙述方法，它逐渐成为设计师进行方案汇报总结的指导性原则。在设计项目执行初期，设计师会对内容资料、背景故事和信息进行整理分析，挖掘具有承载力的概念、隐藏的设计“图形”及关联内容，进而敲定设计主题和范畴，即设计方案的“框架”。

通过将故事叙述进行可视化转换，能让可视化结果如同电影一样直观展示。计算机技术的应用使得信息传递可以采用类似故事的风格，并兼顾了故事叙述对于信息可视化的有效性。

2.7.1 Storytelling（讲故事）和 Storyboard（故事板）的区别

在设计课程中，学生往往需要以 Storyboard（故事板）的方式展现其设计过程，但从表现形式上定义，Storyboard（故事板）和 Storytelling（讲故事）有着专业应用上的区分，两者多被国内学者释义为故事板。“故事板”一词主要来源于电影行业，也可称为电影分镜头，多以二维形式表现，不少导演喜欢自己绘制电影分镜头，虽然电影分镜头大多是线稿但仍可以描绘出故事的场景和概略内容。Storytelling（讲故事）更多地被设计类专业提及，当然也有不少高等院校在工商管理专业教学中喜欢用 Storytelling（讲故事）的方式进行演讲。书中整理了常见的三种类型故事板，故事板可通过照片、插画、手绘等形式直观地描述环境和场景中的每一个步骤（见图 2-7-1 和图 2-7-2），以此传达产品的基本信息。故事板的叙述方式增加了设计师与观众的情感共鸣。

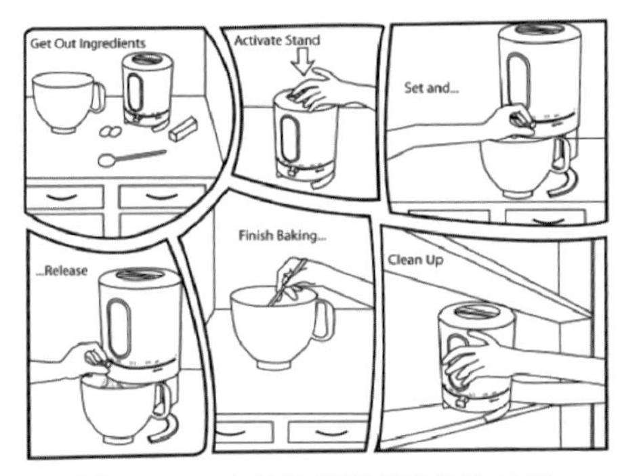

图 2-7-1　产品使用说明类的故事板

图 2-7-2　电影分镜头故事板

类似于“PPT”和“Prezi”的区别，前者是为大家所熟知的传统演示文稿软件，而“Prezi”是一种主要通过缩放动作和快捷动作使想法更加生动有趣的演示文稿软件。“Prezi”打破了传统“PPT”的单线条时序，采用系统性与结构性一体化的方式来进行演示，以路线的呈现方式，从一个物件忽然拉到另一个物件，再配合旋转等动作使其更有视觉冲击力，从而帮助用户拓展思路，使思路更加明确清晰。

如图 2-7-3 所示，具备故事叙述性的故事板虽然在内容上很好地描述了产品的使用场景和使用功能并配有文字说明，但是其仍使用了传统电影分镜头中的单线条时序。故事板的各个信息要素缺乏彼此间的联系，因此效果的生动性会受到一定影响。

在叙事可视化设计中，设计师需要了解观众对视觉元素的认读顺序、核心视觉元素的排列方式、对视觉元素产生瞬时或长久记忆的影响因素等问题。为了研究可视化如何被认识和回忆，并确定可视化的哪些元素吸引了人们的注意，以及哪些信息被记忆，Dalziel and Pow 设计事务所使用了眼球追踪仪和认知实验技术，研究可视化中哪些元素有助于认知和回忆，把策展主题通过叙事方式传达给观众，增强展示空间的叙事性氛围，让观众产生强烈的沉浸式与互动式体验（见图 2-7-4）。

图 2-7-3　具备故事叙述性的故事板

图 2-7-4　观众参与交互式体验过程

在探索叙事可视化设计时，设计师需要评价观众对故事内容的理解程度。由于故事被分成多个节点，因此观众需要识读所有节点且获取关键信息才能确保对故事的准确理解，针对此问题还需要设计适当的评价方法，通过合理的设计来引导观众完成探索。

2.7.2　叙事化的设计思维方法

案例分析："Maybe"座椅设计

"Maybe"座椅设计是作者在英国考文垂大学攻读硕士研究生期间的课程作业，任课教师在产品创新设计这门课中要求每位学生选择一部电影作为设计素材，通过产品设计的方式表达其主题思想。

（1）设计灵感来源一：李安导演的影视作品《喜宴》。

李安导演的影视作品具有强烈的现代感与生活感，与如今华人社会因社会发展而带来的观念转变相吻合。他运用西方电影技巧，以故事的冲突来对话传统华人文化，以隐约的批判观点来对话个人对自由的追求。

《喜宴》故事梗概：生活在美国的男主人公伟同是同性恋者，但年迈的父母为了能尽早抱孙子，三番五次逼婚。为了瞒过父母，伟同选择和一位女房客假结婚，父母来到美国后，为儿子举行了盛大的结婚仪式。之后女房客意外怀上孩子，伟同也袒露了自己的性倾向，而父母为了家庭的颜面和传宗接代，无奈地接受了这一事实。图 2–7–5 为《喜宴》海报，暗喻“三人成喜”。

图 2–7–5 《喜宴》海报，暗喻“三人成喜”

研究方向确立：东西方传统文化的交流与碰撞。根据研究方向，作者整理了《喜宴》的故事叙述（见图 2–7–6），以便更全面地分析《喜宴》中所表达的东西方传统文化的交流点与碰撞点。

（2）设计灵感来源二：邵帆的作品《王椅》（见图 2–7–7）。

作为被英国维多利亚和阿尔伯特博物馆收藏作品的第一位中国艺术家，邵帆以明代家具为载体，通过一系列椅子和家具设计，对中国传统明式家具进行解构并重组，探寻传统家具与当代生活的冲突、矛盾与嫁接的可能性。

图 2–7–6　作者整理的《喜宴》故事叙述

图 2–7–7　邵帆的作品《王椅》

西方文化注重创新，而中国文化更讲究传承。邵帆的作品并非简单地运用中国元素，他尝试对明清家具的精髓追根求源，通过东西方文化的融合、现代与传统的对峙发展明清家具。经过邵帆的拆解与重构，家具脱离其使用功能的原意，焕发出巨大的文化象征意义。

虽然《王椅》作品的造型形态不同于传统的明式家具，但明式家具中尤为重视的结构性设计在此却得到了一脉相承。严格的对称、摆放的位置原本都是等级制度的痕迹和缩影，然而邵帆却以非常轻松的方式，为古典家具赋予了新的意义。雕塑作品与实用家具的中间状态，其蕴涵哲学意味的花瓣层出不穷。

（3）设计灵感来源三：马赛尔·杜尚和他的 Readymades

"Readymades"一词可直译为"现成品"，但是这个词的出现更多伴随着一个人名——马塞尔·杜尚。在维基百科中，"Readymades"可释义为：经艺术家挑选并加工的普通人造物品。

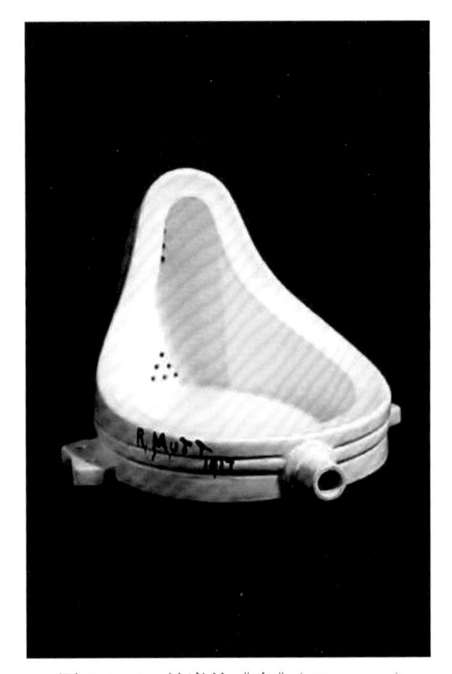

图 2-7-8　杜尚的《泉》（*Fountain*）

杜尚的《泉》（*Fountain*）是一件在现代艺术史中无法绕过的作品（见图 2-7-8）。1917 年，它被纽约独立艺术家协会（Society of Independent Artists）拒之门外后，在摄影师阿尔弗雷德·斯蒂格利茨的工作室展出，自此名声大噪。而今，这件划时代的艺术作品今年已经 100 多岁了。

2004 年，经过 500 位艺术家、交易商、批评家和策展人投票，这件现成品甚至超过毕加索的《亚威农少女》而被视为现代艺术最具影响力的作品，而《亚威农少女》和安迪·沃霍尔的《玛丽莲·梦露》则分居第二和第三 。

在杜尚的作品《泉》之前，有两幅艺术绘画作品与之同名，其一是法国新古典主义画家让·A.D. 安格尔（Jean Auguste Dominique Ingres）于1830—1856年所创作的一幅布面油画作品，另外则是居斯塔夫·库尔贝（Gustave Courbet）创作于18世纪中叶的一幅著名油画作品。

图2-7-9　杜尚和他的作品在摄影机前

1917年，杜尚将一个从商店买来的男用小便池取名为《喷泉》，匿名送到美国独立艺术家协会举办的展览上，要求作为艺术品展出。这件事情成为现代艺术史上里程碑式的事件。杜尚认为艺术没有所谓的权威、没有经典、没有艺术与非艺术、没有美丑之分，任何形式的事物都可以成为艺术（见图2-7-9）。杜尚曾说："我不在乎艺术这个词，因为艺术早已声名狼藉，所以我想摆脱它，当今世界对'艺术'有太多没必要的钟爱。"

1917年，杜尚在一幅达·芬奇名作《蒙娜丽莎》的复制品上，用铅笔涂上了山羊胡子，并标以"L.H.O.O.Q"的字样（见图2-7-10）。蒙娜丽莎的神秘微笑立即消失殆尽，画面一下子变得稀奇古怪、荒诞不经。杜尚的创作作品与达·芬奇的原作产生了意义上的割裂，但在图像上却又保持这种内在的联系，进而也赋予作品以另一种深意。

图 2-7-10　杜尚的 “L.H.O.O.Q”

杜尚对艺术的理解和对艺术边界的探索让大众看到了“Readymades”（现成品）与传统艺术品所共有的本质，使大众能够超出传统艺术观而对现代艺术有更新和更为深入的理解。

（4）“Maybe”座椅设计过程。

① 设计对象：明式家具中的官帽椅。

② 对明清家具中座椅的设计解读。

中国古代坐姿关乎礼数，俗语有云：“坐有坐相，站有站相。”明式座椅在装饰风格、造型审美等方面可供今人研究借鉴，但其在人机工程学中的舒适与健康程度值得商榷。官帽椅的坐高一般为520mm左右，在现代人机工程学定义中，休闲椅的坐高在380～450mm、工作椅的坐高在430～500mm，显然明式座椅的设计并非出于休闲的目的，其坐高尺寸超过一般工作椅，按照现代人机工程学尺度分析是不合适的。不过，一般官帽椅的底部有脚踏（见图2-7-11），供坐者搭脚，这也起到了调节人的坐高的作用。

图2-7-11 明式家具中的官帽椅

③ 明式座椅的礼仪功效。

图 2-7-12 所示为东晋《竹林七贤与荣启期画像砖》，从图中可见当时的人们坐姿较为随意。从北宋开始，人们逐渐摆脱了席地而坐的起居方式，矮型家具正是在此时退出了中国古代家具的历史舞台。而后，高的家具被普遍采用，家具高度的提高一方面调整了肢体的坐姿，另一方面也为礼仪教化带来了新的表达方式。

图 2-7-12　东晋《竹林七贤与荣启期画像砖》中坐姿较为随意

④ 设计出发点。

■ 东西方文化融合与矛盾的统一与对立（见图 2-7-13）。

■ 在官帽椅中加入幽默成分，且使用功能更趋向休闲椅（见图 2-7-14）。

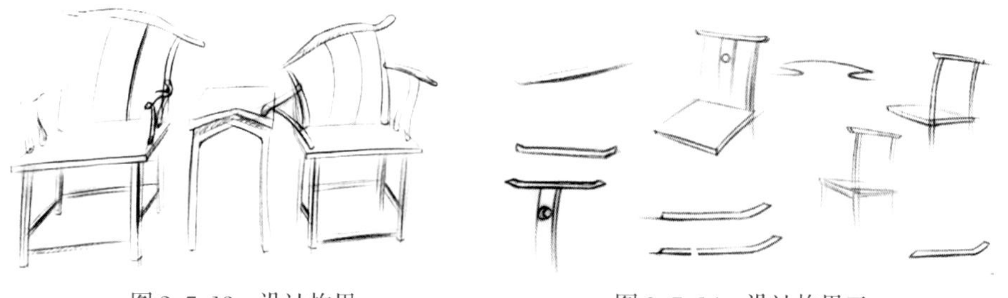

图 2-7-13　设计构思一　　图 2-7-14　设计构思二

座椅采用拟人化设计，将原本正襟端坐的坐姿改为垂肩的随性姿态，座椅扶手“搭”在中间的案台之上。

⑤ 设计说明。

最终的设计造型如图 2-7-15 所示，座椅的外观仍然保留平、方、正、直的造型特点。设计者通过对明式家具风格的追忆，对其进行了一些细微的改变。该设计方案进一步简化了原有官帽椅的外观线条，调整了每个部分的比例，使得扶手的高度贴近现代人机工程学的尺寸范围。

作者将西方与我国北方常见的爬犁造型和传统椅腿进行了组合，爬犁的弯曲部分使椅子可以略微向后倾仰，从而达到休闲椅的使用状态。明代官帽椅因其造型神似古代官员的帽子而得名，多数明式座椅的扶手高度都超出现代人机工程学的测量尺度，这是为了达到一种“正襟危坐”的目的，这比较符合当时阶级分明的座椅文化。作者试图用一种矛盾思维来冲击传统文化中看似和谐的结构，看似“画蛇添足”的方法让矛盾冲突的细节不显山露水，这也许较为符合中国人的哲学思维。“Maybe”座椅设计是一次实验性的尝试，就像它的名字一样，或许是对北欧家具的一次模仿，但也基本符合现代人对明清家具风格的崇拜。

图 2-7-15　最终效果图

2.8 用户的接受度

设计师的思维体系中很少设置有关用户接受度的分析环节，认清用户的接受度是产品设计中不可或缺的重要环节，它与用户需求、用户选择和竞争性产品的规格分析等过程有着密切的联系。

在通用软件开发领域，用户接受度测试（User Acceptance Testing，UAT）是系统开发生命周期方法论的必经阶段之一，其目的是让用户或测试人员根据测试计划和结果对所开发的系统进行测试和检验。而在工业设计领域，测试与质量保证一般发生在产品开发执行周期的后程阶段，在设计构思阶段并没有对用户接受度的测试或相关分析。设计师过分依赖提案的数量和沟通次数来解决用户接受与认知的差异性，这在一定程度上影响了设计工作的效率，甚至会出现产品在开发阶段被驳回进行再次修改的情况，致使设计成本与生产成本大幅提高。

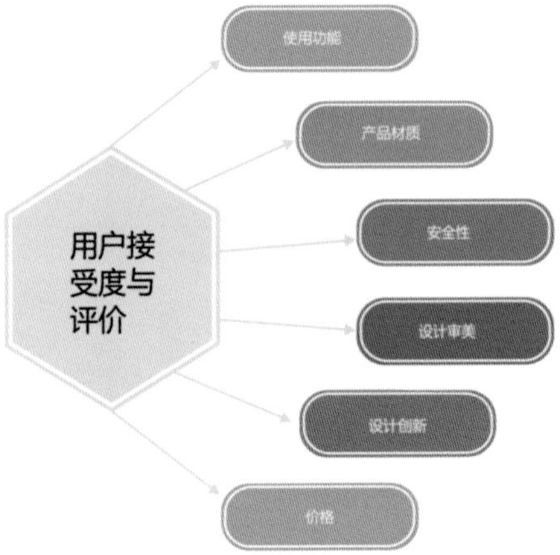

用户接受度测试是从用户的实际使用角度出发，在设计阶段对产品的使用功能、材质、安全性、设计审美、设计创新、价格等方面进行分析与测试，以寻找用户可能在意的各方面问题。如图 2-8-1 所示，产品设计中的用户接受度与评价主要包含 6 个方面，分别是使用功能、产品材质、安全性、设计审美、设计创新与价格。

图 2-8-1　用户接受度与评价

用户接受度测试有两个目标：一是用户认可产品提供的功能符合业务需求；二是用户认可产品的性能和质量，同意正式开始产品模具制作。只有得到用户最终确认，设计方案才能最终进入执行与开发阶段。

用户接受度测试可分为计划、设计、执行与验收 4 个项目阶段。设计公司中的项目经理和项目团队可以根据项目时间表制订用户接受度测试的项目计划。

2.8.1　用户接受度差异

为了解用户需求，发掘设计机会，设计师要了解用户对于设计师所传达信息的接受度差异。为此，设计工作坊需要与用户和企业保持密切的沟通。

用户接受度差异的产生有不同的原因，其中之一是知识背景的不同。多数用户或者企业人员并不是设计或者艺术类专业毕业，他们用自己的知识背景去规划、理解设计方案，而对于设计审美的需求，他们大多根据对生活中事物的认知经验来进行判断，缺乏审美素养方面的训练。而设计师需要充分表达自己的设计思想，把设计作品看作美和情感的集合体。

在本节中，设计团队选择了 4 种各具特点的瓶装水进行票选调查。表 2-8-1 所示的 4 种瓶装水来自不同的品牌，售价也有较大差异。1 是较为常见的纯净水，售价为 2 元 / 瓶；2 是来自挪威的网红饮用水 VOSS，售价为 20～30 元 / 瓶；3 是一款非常经典的屈臣氏蒸馏水，它的瓶身还获得了设计奖项，售价为 4～6 元 / 瓶；4 是国内天然矿泉水品牌——农夫山泉的经典包装，其运动瓶盖内的阀门设计获得了相关发明专利，售价约为 3.5 元 / 瓶。该票选问卷的问题为“如果你有 30 元钱可以买饮用水，可以花光，也可以结余，你会选择购买哪一种品牌？为什么？”

参与者包括 10 名普通消费者、6 名设计师、4 名销售人员，以及 3 名工程技术人员。

表 2–8–1　四种矿泉水瓶进行票选结果

参与者	票数	1.	2.	3.	4.
普通消费者	10	4	2	2	2
设计师	6		2	1	3
销售人员	4	1	2		1
工程技术人员	3	1		1	1

如表 2–8–1 所示，在单次消费随机性的干预下，4 类人员做出了差异较大的选择性消费，研究人员将他们选择时在意的方面整理成关键词，如图 2–8–2 所示。

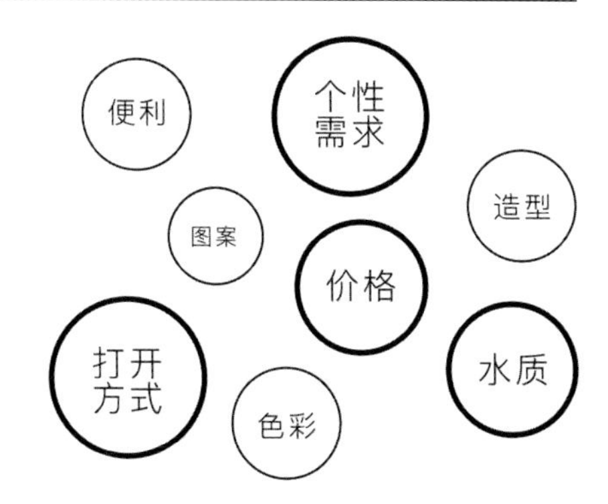

图 2–8–2　饮用水选择“关键词”梳理

在这组统计中，设计师无一人选择价格最优惠的一般纯净水，他们在选择时优先考虑的关键词是“个性需求”“图案”“造型”，而工程技术人员一组的 3 人选择了除第二款以外的 3 款饮用水，他们关注的是“打开方式”“便利”和“水质”。普通消费者和销售人员在选择上相对均衡，但也存在部分差异。

根据访谈结果发现，工程技术人员与销售人员虽然也有一定的造型和美学意识，但他们的选择一般会受到职业习惯的影响。这次的调研结果对接下来展示的案例产生了积极的影响，设计师在构思阶段应该跳出自己的角色属性去完成对产品设计的思考，及时发现用户对设计提案的接受差异性，最终使得方案以更加完善的结果进入下一个阶段。

2.8.2 设计师与委托方的隔阂

在设计沟通的过程中，委托方与设计师、工程技术人员不同选择的背后是对设计的不同理解和需求。对于委托方来说，制造工艺、用户需求和成本则是他们的主要考虑因素，这就是常见的认知差异（见图 2-8-3）。这种认知差异会妨碍设计师与委托方形成统一的以用户利益为基础的解决问题的方式，使得设计沟通变得困难。接下来展示的案例是与用户接受度差异相关的真实案例。

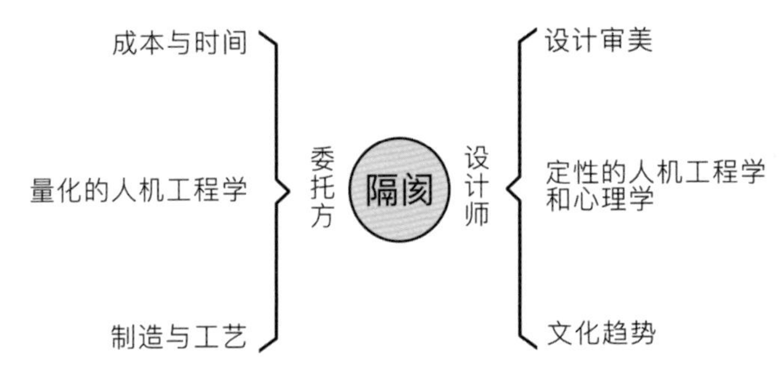

图 2-8-3 认知差异模型

用户对设计理念的接受程度对设计开发的全过程是非常重要的，用户对设计理念接受的差异性应该引起设计师的重视和尊重，此方面的研究可以提高设计师的提案通过率和设计效率。一方面，用户接受度的差异性对设计方案的优化是有着正向影响的，它能保证设计师并不是一味地闭门造车，而是通过有效的沟通将设计方案以更有效的方式传达给用户并得到认可；另一方面，用户接受度的差异性对设计方案的执行效率和完成的准时率可能造成消极的影响，设计师往往需要三轮甚至更多轮的设计提案才能基本满足用户的需求，因此，经常性的加班改方案成为设计师的“固定动作”。

2.8.3 最霸道的乙方设计师

在设计界，曾有这样一件轶闻趣事，苹果公司联合创始人乔布斯也曾遇到让他头疼的乙方设计师，1985 年，当乔布斯离开苹果公司创立 NEXT 公司时邀请了为 IBM 和美国广播公司设计 Logo 的著名平面设计大师兰德为其公司设计全新的 Logo 形象。平日偏执的乔布斯接受了兰德“一稿不改”的“霸王条款”，但两人在最终 Logo 定案的过程中产生了分歧，乔布斯提出修改“NEXT”中字母“E”

的颜色(见图2-8-4),而兰德却坚持己见,并未满足乔布斯的修改要求。兰德对此解释道:“每个客户都应该记住,你雇用的是一个比你更清楚该如何解决问题的人,不要让对方给你选项。”这一次的合作对乔布斯今后的工作心境产生了很大影响,他认为兰德是具备顶尖专业素养的设计思考者,并称赞兰德既是一名纯粹的艺术家,又是一名聪明的商业问题解决者。

图2-8-4 保罗·兰德为NEXT公司设计的Logo形象

兰德的设计风格深受包豪斯理性美学的影响,讲究功能主义和实用性。他认为好的设计应该简洁地表达出内容,不需要华丽的缀饰;不好的设计则徒有其表。他曾在《设计的思考和绝望》一书中写道:有多少模范作品被葬送在庸俗的吹毛求疵中?有多少好设计,被那些对视觉逻辑一窍不通的客户瞎指挥,变成劣质的作品?设计行业需求越来越多,但糟糕的设计也层出不穷。他认为其中原因有三点:

(1)设计决策者与管理层对优秀设计的忽视与无知。

(2)设计师能力或话语权不够。

(3)大多数人把设计师视作美工对待。

诚然,并不是每位设计师都能成为兰德,也不可能拥有兰德作为乙方设计师如此“蛮横”的协商态度,但这并不代表兰德没有深刻挖掘乙方的设计需求;相反,正是在他大量的调研和设计尝试后才推出了自己的设计方案。他主导整个设计过程,并没有让最终的设计决策受到客户的太多干扰,这就是他的设计态度和沟通方式。

接下来展示的案例是与用户接受度相关的真实案例。

2.8.4 餐盒的设计

商业设计项目展示

设计团队：青岛桥域创新科技有限公司

1. 基础研究：餐盒的调研

青岛桥域创新科技有限公司团队针对目标商家，对外卖餐盒使用商进行走访调研，了解外卖包装行业的现状及客户需求。

调研时间：2016年5月21日—5月22日

目标商圈：中关村鼎好大厦、五道口餐饮商圈

受访饭店：合利屋（Hollywood）、A+成品、嘉和一品、东来顺、日昌餐馆、潮汕砂锅粥、贾记包子铺等

外卖商家餐盒市场现状：

（1）供应渠道

以商家自己购买为主，由特定的供应商统一送货、网上购买、线下采购。

（2）成本考虑

大部分餐厅单个餐盒购买成本在0.6元以内，还有一部分单个包装为0.7元或0.8元。大部分商家希望快餐盒成本控制在0.8元以内，个别商家可以接受1.5元以内的餐盒成本。餐盒材料的迭代和循环利用符合餐饮市场的发展趋势，但也在一定程度上增添了商家的成本投入。

（3）收费情况

① 外卖商家一般会收取餐盒费用。

② 部分商家免费提供餐盒。

（4）功能形式

大多餐品都分开包装，格子式的快餐盒占少数。由于每家餐厅经营的餐品不同，商家希望餐盒能够合理地放置自己的餐品，适合自己的餐品。餐盒有多种大小，如1000mL、800mL、700mL、300mL（装米饭），汤可用和米饭一样的盒子。

（5）用餐工具

筷子、勺子、牙签、纸巾、塑料手套。

（6）餐盒材料

大部分餐盒材料以聚丙烯为主，多为透明的聚丙烯或带颜色的不透明的聚丙烯，部分商家有自己定制的餐具，这类餐具设计精美，材质考究。

（7）餐盒外观

普通透明塑料餐盒居多，材质和外观形式都很普通，没有形成商家自己的风格。

商家意见反馈：

① 可以考虑适当增加餐盒成本，但是要看到更显著的差别，增加成本以后要考虑用户能否接受。

② 希望餐盒设计更加适合自身餐品形式、希望餐盒与自己的店面风格相统一，形成店面独有的风格。

③ 希望通过材料降低成本、能够达到可循环利用最好；粥、汤的密封性要好。

④ 通过回收餐盒，退回用户支付的餐盒费用，降低包装成本；餐盒质量要好，颜色搭配合理。

⑤ 环保方面考虑废弃后的处理问题；菜品价格处于十几元到几十元不等，适度的成本增加可以接受。

⑥ 接受不了 1～2 元的成本，除非平台给予补贴；餐盒的设计风格消费者能接受。

总结：

就目前外卖餐盒市场来看大部分目标餐厅依然采用普通快餐盒，商家多考虑成本，但对拥有自己品牌特色的外卖包装存在浓厚兴趣，尤其是一些新兴的餐厅，产品有特色，店面装修讲究，他们对富有自身品牌特色的包装存在很大需求，所以，后面的餐盒设计可以考虑以下两条路线。

① 面向普通饭店的统一餐盒。

② 面向需要打造自身品牌形象的定制化餐盒。

虽然大部分商家对成本考虑较多，但究其原因还是对优良的快餐盒能够带来的设计价值很模糊，只想一味地降低餐盒成本，而不懂得反其道而行，为消费者提供更细心、更优质的用餐体验，树立自身消费者口碑，增强用户黏性，进而增加利润空间和销量，形成良性循环。这需要设计团队制作样品，予以沟通引导。

餐盒设计应着重考虑材料的运用、考虑密封性的同时兼顾开合方式的易操作性；外观应差异化，操作简便，考虑融入独特的创新使用体验。

2. 中期调研：设计策略与用户分析

（1）背景

互联网的发展带动了网络零售的发展，在互联网背景下“宅经济”和“懒人经济”日趋凸显。尤其对于北京、上海、深圳等人口密度高的一线城市，工薪阶层俨然成为餐饮消费的主力，居民餐饮习惯在不断地改变，外卖、快餐需求旺盛。

互联网大环境的影响及用户订餐习惯的改变，都在很大程度上促进了外卖行业的快速发展，其中美团外卖、饿了么、口碑外卖等外卖平台成为资本和市场的宠儿。随着外卖行业的发展和用户需求的提升，外卖包装也层出不穷，但目前的外卖包装基本上都只是满足用户基本的用餐需要，并不能够带给用户更好的用餐体验。

随着外卖行业的发展和用户需求的提升，外卖也升级到包括商超、水果、甜点饮品甚至药品等在内的全品类服务，这些都在很大程度上影响和改变着用户的消费习惯，也带给外卖包装带来更广阔的市场和机会。

（2）趋势

消费者不希望担心食物安全问题，他们愿意花费更多的钱去买健康的食品，他们希望了解到更多关于食品的信息，包括了解食物来源、生产过程等。

消费者更希望与他人分享生活的美好片段，一餐美食、一次美好的用餐体验都可以通过手机与他人分享。

（3）竞品分析

① 普通的折叠餐盒。市面上最普通的折叠餐盒价格低廉。缺点：没有吸引人的亮点，档次低（见图2-8-5）；不能长时间保温，有时候会烫手，外观不够精致，密封性不够。

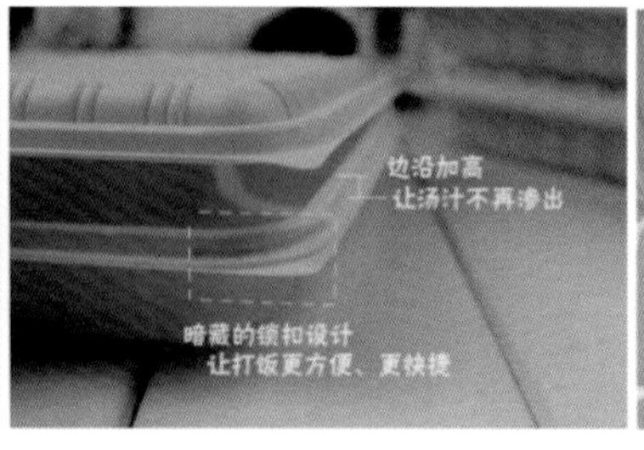

图 2-8-5　折叠餐盒

② 带盖子的餐盒。带盖子的餐盒区别于折叠餐盒的粗糙性，具有一定的密封性，外观可以做图案和材质的变化，结构也会有分层处理（见图 2-8-6）。缺点：保温问题依然没有解决，汤容易洒出来。

图 2-8-6　带盖子的餐盒

③ 纸质餐盒（如牛皮纸折纸餐盒）。牛皮纸折纸餐盒给人以温馨和增强食欲的感觉，价格低廉，易储藏运输（见图 2-8-7）。缺点：保温性没有得到很好的处理，只能盛放比较干的食物，不能盛放汤类。

图 2-8-7　牛皮纸折纸餐盒

④ 日本风的木质餐盒。情怀满满，木质具有强烈的亲和力（见图 2-8-8）。缺点：价格高昂，一般多为四五十元，不能很好地把饭菜和汤分开。

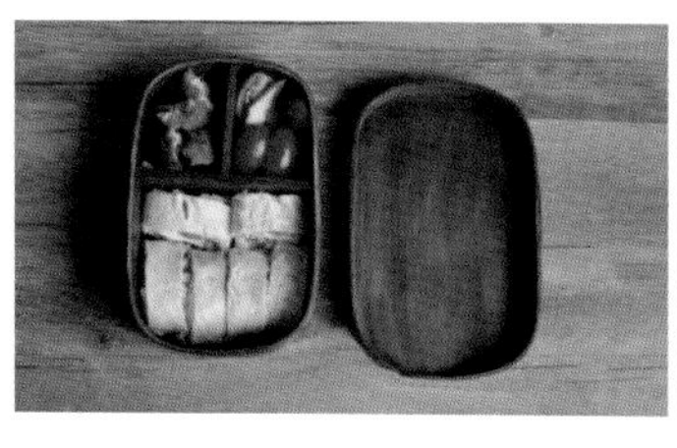

图 2-8-8 木质餐盒

⑤ 可多次利用餐盒。该种餐盒解决了保温的问题，材质上也有了较高的提升，有的餐盒多了一些情趣化的设计（见图 2-8-9）。缺点：成本高，不便作为快餐盒使用。

图 2-8-9 可多次利用餐盒

⑥ 创意餐盒。创意十足，实用性和环保性在一定程度上得到提升。例如，智能加热餐盒、分类餐盒等（见图 2-8-10）。缺点：创意餐盒的用户接受程度和功能可实现性需进一步检验。

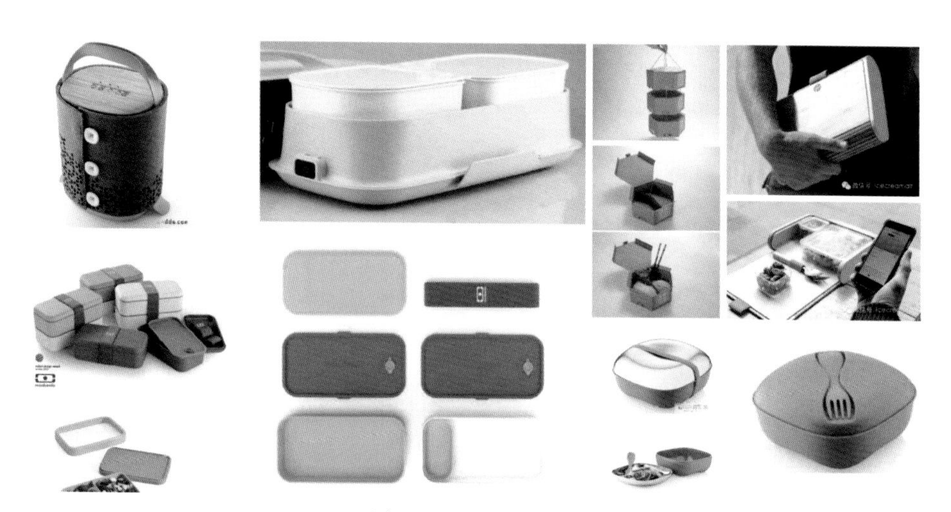

图 2-8-10 创意餐盒

结合以上竞品分析提出的设计方案如图 2-8-11 所示。

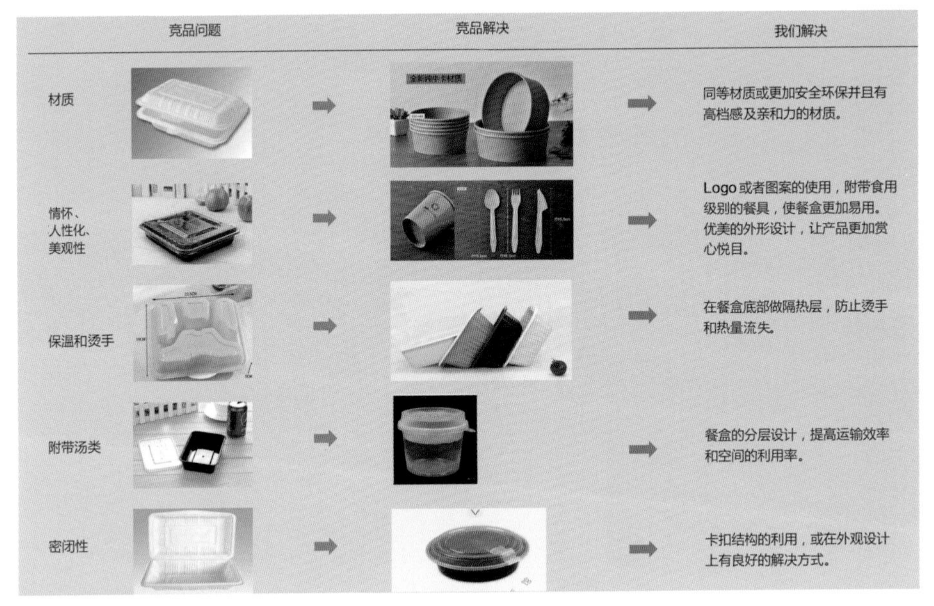

图 2-8-11　针对竞品提出的设计方案

针对目标人群（如商界精英、时尚新贵、职场新锐等）进行的设计分析（见图 2-8-12～图 2-8-14）。

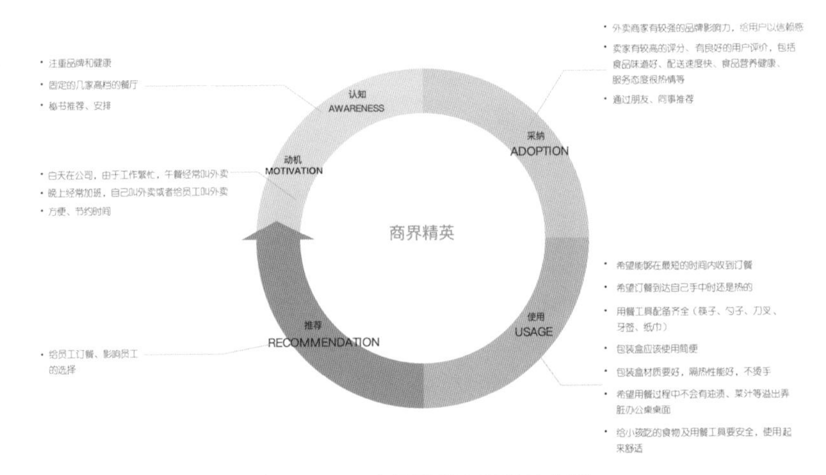

图 2-8-12　商界精英人群设计分析

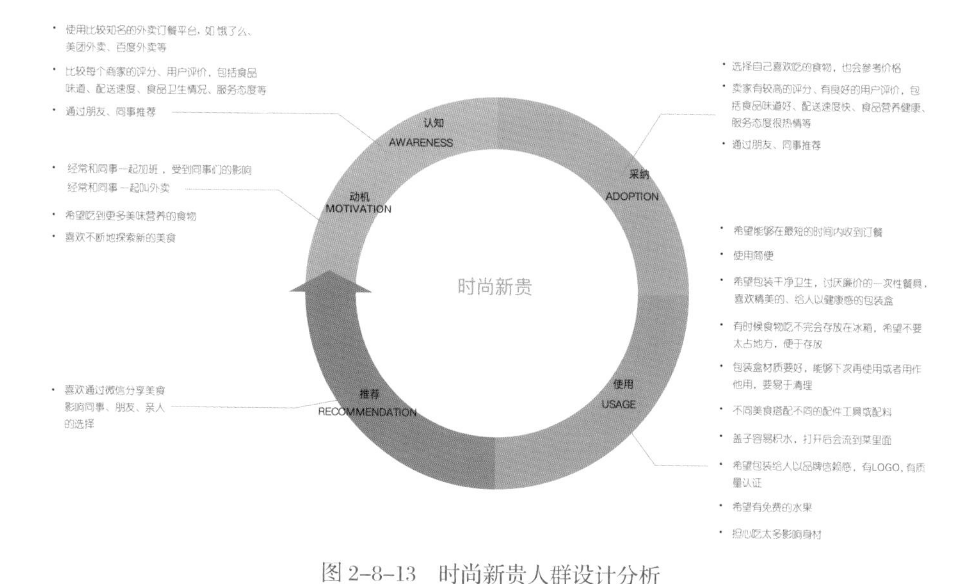

图 2-8-13　时尚新贵人群设计分析

• 使用比较知名的外卖订餐平台，如饿了么、美团外卖、百度外卖等
• 看排名，选择销量好的，也会考虑就近选择
• 通过朋友、同事推荐
• 常点的店，更加信任

认知
AWARENESS

• 经常和同事一起加班，和同事一起叫外卖
• 不喜欢做饭，叫外卖方便省事
• 想换换口味

动机
MOTIVATION

• 如果食品拥有良好的用户评价，包括食品味道好、配送速度快等
• 价格能够接受

采纳
ADOPTION

职场新锐

• 食材健康
• 希望包装干净卫生，环保
• 包装易用，保温性好
• 包装材料天然，健康
• 需要用餐工具配备齐全（筷子、勺子、牙签、纸巾）
• 密封性好
• 希望设计美观

使用
USAGE

• 同事之间口碑推荐

推荐
RECOMMENDATION

图 2-8-14　职场新锐人群设计分析

（4）饮食分析

通过对外卖平台商户销售产品的调研，展开外卖品类分析（见图 2-8-15）。

图 2-8-15　外卖品类分析

（5）功能定义

调研各类食物各自使用的外包装，对各类餐盒的功能定义展开分析（图 2-8-16）。

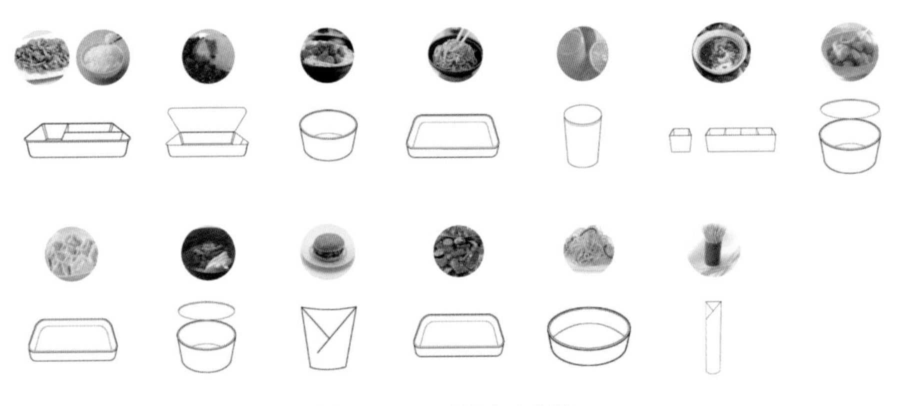

图 2-8-16　功能定义分析

3. 设计展开：设计策略与用户分析

方案一：

如图 2-8-17 所示，该方案在餐盒盖子上集成了佐料盒功能，并采用超强密封性设计——餐盒口多道阶梯槽设计，实现多重密封；阶梯槽设计使餐盒口强度增加，从而防止变形溢出。碗使用可回收的覆膜纸质材料，其中碗底部分采用低坡面的倾斜式底面设计，并在餐盒底部印有“光盘”后才能看到的“心灵鸡汤”文字，鼓励消费者落实“光盘行动”。

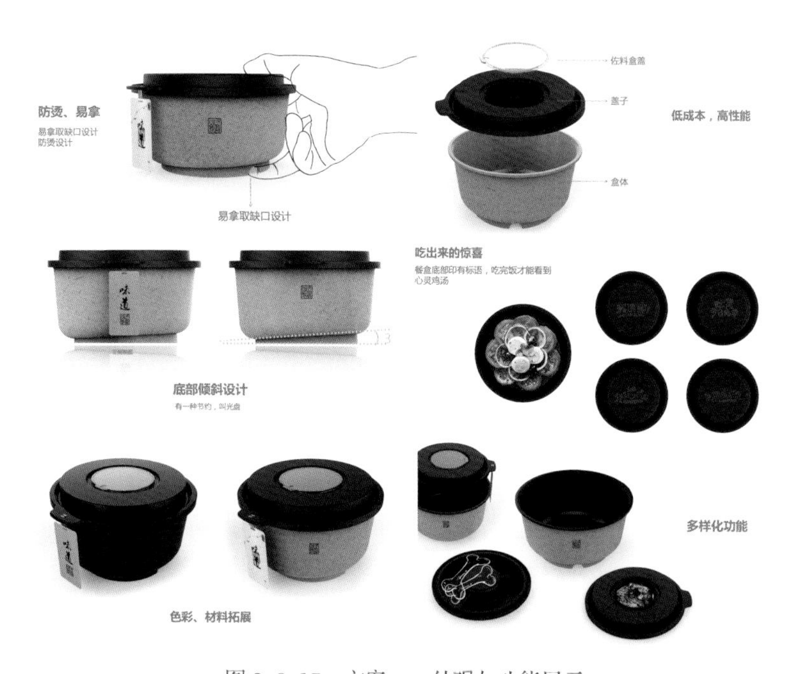

图 2-8-17　方案一：外观与功能展示

方案二：

不同于方案一，方案二将设计点集中在盒盖的“易开取”功能上，如图 2-8-18 所示。餐盒主体部分采用食品级塑料材质，盒盖采用硅胶材质，并在盒盖角落处设计了一个方便开盖的三角形“把手”，并根据不同的用途进行区分。

图 2-8-18　方案二：外观展示

方案三：

方案三的设计关键词为“收纳”，通过对餐盒空间的利用，完成收纳功能，如图 2-8-19 所示。

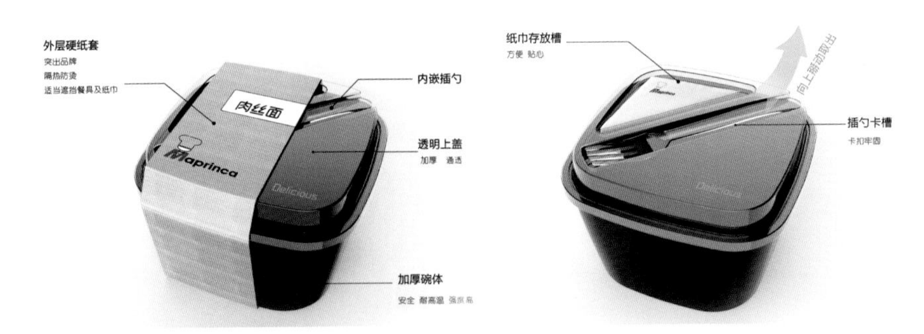

图 2-8-19　方案三：外观及收纳功能展示

用户根据提示撕开标贴即可打开隐藏餐具，给用户提供卫生健康、富有仪式感的使用体验，如图 2-8-20 所示。

图 2-8-20　方案三：收纳功能展示

方案四：

如图 2-8-21 所示，方案四以鹅卵石为灵感展开设计，餐盒采用可再生的环保纸浆材料，如鹅卵石般圆润的餐盒传达温馨惬意的情愫，使用户的用餐时光不再单调。餐盒设计了多种尺寸以搭配不同的餐点，同时，设计师为方案四进行了配套的包装设计（见图 2-8-22），且叠加式的设计方便餐盒收纳。

图 2-8-21　方案四：功能展示

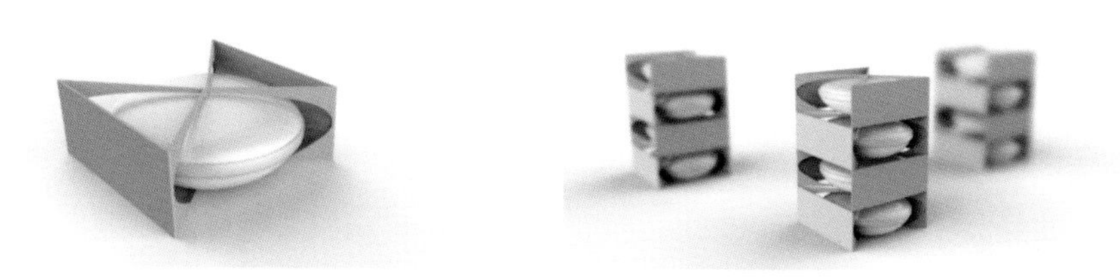

图 2-8-22　方案四：包装展示

设计总结：

正如前文所述，在实际案例中设计师与商家的关注点是不完全相同的。设计师力争为用户打造最为完美的产品与使用体验，然而在产品的实际生产过程中，设计产品往往因成本、结构等诸多原因未能将最好的一面展现给消费者。在本次设计过程中，设计公司的 4 项设计方案和 3 轮设计汇报未能打动甲方企业，最终方案因部分材料的使用不符合外卖用餐盒的环保要求，且生产成本较高，导致设计方案未能投入实际量产和销售。

2.9 设计过程中的有效沟通

设计师在项目执行的初始阶段多以自己的感性思维来进行设计，在此过程中不自觉地替代用户进行思考，其设计想象力得到了充分的发挥，但一般在提案阶段的修改率较高，最终设计师不得不重新以理性的视角去满足客户的要求，进行设计。正确识别用户需求，做到有效沟通，激发用户的潜在需求将在很大程度上保持设计的完整性，激发设计师的创作潜能。

如果把人的心理需求比作一座冰山，在水面上的只有 10%，而在水面下的有 90%。人的心理需求可分为意识层面和潜意识层面，人能意识到的只占 10%，剩余的 90% 需要外部环境条件的刺激才能使人清晰地感受到。设计师和用户一样，他们的某些行为是无意识、无目的的。

2.9.1 设计师并不是“真正的”用户

从用户的使用角度出发，设计师无法解释每个设计语言或操作的明确目的，有明确意识和明确需求的理性思考可能只占到全部设计的一小部分，其他的设计行为可能来自设计师感性思维中的潜意识和生活习惯。

例如，当我们在 iPhone 程序上看见消息提示或者软件更新的红色数字时，想把数字提示关掉。这种习惯性的操作一部分来自人们与生俱来的思维逻辑，一部分来自日常生活的经验，还有一部分则是用户在使用系统或平台的过程中形成的习惯。产品的设计构思不能违背上述 3 个方面，不能因为“换位思考”的需求而改变用户的习惯，这些需求是不是真正的需求还有待确定。很多产品设计都存在需求过度而设计原则与逻辑不足的倾向，从而忽略用户非意识层面的心理需求。需求过度会使得一款手机操作系统中功能图标和按键的扩展功能被随处安放，使产品体验变得臃肿，而设计过程中原则与逻辑的缺失，使得这些多余的功能难以被去除掉，导致用户所需求的信息要素很难被精确地、恰到好处地满足。

2.9.2 正确识别用户需求

识别用户需求是设计师开始设计任务的前提，它与设计概念的生成与选择、竞品分析和建立产品标准等步骤关联密切。如图 2-9-1 所示，识别用户需求与产品开发初期活动之间的关系可称为概念设计的“CDOC”阶段，即 C（Concept）、D（Design）、O（Optimize）、C（Capability），这一概念最早源自美国通用公司。“CDOC”是一种基于创新本身的方法论，同属于六西格玛（Six Sigma）的一个设计分支，它作为产品开发流程的一种工具、方法，覆盖了设计概念的产生、实现、设计优化等全过程。它强调与用户的互动体验性，通过配合其他方法在设计开发中的应用和优化，最终提升产品开发的设计效率和成功率。

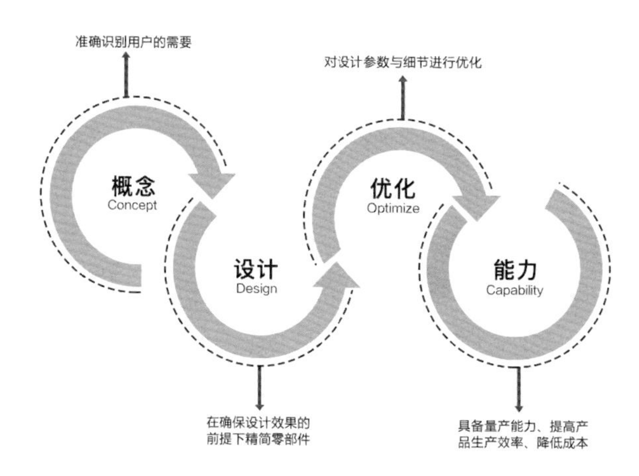

图 2-9-1　概念设计的“CDOC”阶段

2.9.3 设计团队的需求和个性差异

设计师不仅要和客户保持有效沟通，而且需要在设计团队内部做到良性沟通，确保所有的批评和建议都是具有建设性的、有意义的。

设计团队的每位成员一般都有不同的个性、特点和工作方式。设计团队作为一个整体，必须有良好的团队沟通，经过短期的磨合就能在项目执行上达成一致。这要求项目管理者不仅具有丰富的设计经验，而且需要成为一位语言沟通大师，让设计团队时刻保持整体性并营造一个积极的、富有创造力的设计氛围。设计团队管理者就像电影导演一样，监督编剧、演员、摄影师及团队所有成员，在统筹的过程中根据客户的需求和团队成员的个性特点去探索优秀的设计方案。

对服务设计理念的应用及大量实践经验都会使项目决策者更有效地指导产品开发过程，团队管理者需要对每位成员做到科学评估，以便改进和完善项目管理方法、手段及开发过程本身。在设计实践中，团队的凝聚力将直接决定项目的成功与否。

在现代体育运动经营管理经典案例中，美国作家迈克尔·刘易斯的《魔球——逆境中制胜的智慧》（*Moneyball: The Art of Winning an Unfair Game*）在2011年被导演贝尼特·米勒搬上大荧幕，影片名为《点球成金》。

该影片讲述的是一个在美国职业棒球大联盟（MLB）真实发生的故事，奥克兰运动家棒球队总经理比利·比恩有着独特的经营哲学，是一个"特立独行""思维怪异"的人。比利聘请了耶鲁大学经济学硕士彼得作为自己的顾问，两人对于球和经营的逆向思维理念不谋而合。如图2-9-2影片《点球成金》剧照所示，他们查询了球队每位运动员的历史数据，利用数学建模，定量分析不同球员的特点，通过合理配合重塑球队。奥克兰运动家棒球队在人员构成、物资配备和资金实力均处劣势的情况下颠覆了棒球界靠重金挖明星球员的传统惯例，球队在当季创造了20场连胜的骄人战绩，并成功刷新了大联盟纪录。

图2-9-2　影片《点球成金》剧照

比利作为球队的管理者，不按常理出牌地抛弃了选择球员的传统理念，采用了一种依靠计算机程序和数学模型分析比赛数据来选择球员的方法，按照自己对球队需求和球员个性的观察和理解，成功塑造了一支在现代体育运动经营史上的经典案例，其“魔球理论”至今仍影响全世界各大体育职业联盟的经营管理者们。

2.9.4 决策的有限理性与满意解

1978年，赫伯特·西蒙获得了诺贝尔经济学奖。迄今为止，他是世界上唯一一个因管理学方面的成就获得诺贝尔经济学奖的学者。他倡导的“有限理性”与“满意解”在当今经济学与管理学等学科领域中依然具有很强的解释力。

在设计决策中引入有限理性与满意解概念，有助于协调设计师与企业方及用户与客户之间的认知差异性。赫伯特·西蒙认为，无论是从个人日常生活经验中，还是从各类组织进行决策的实践中，寻找可供选择的方案都是有限制条件的。因此，设计决策者无法做出“最优化”的设计方案，只能做到满意方案，而“满意”决策就是能够满足用户合理目标要求的决策。

从西蒙的视角来看，理性是“根据评价行为结果的某些加值系统来选择偏好的行动方案”，但是理性并非完美，当用户的认知能力有限时，其理性也有限度。在古典经济学“完全理性”的假设理论模型中，设计师难免陷入不切实际的浪漫主义。设计本身应是理性的社会活动，它是针对生活中遇到的问题所得出的“满意解”（Satisfactory Solution）而非“最大效益”。设计决策的理性是为了解决问题而采取的行为，可是现实中存在各种环境和条件的制约，可见，设计师和用户的认知与诉求也就存在差异。

“完全理性”的假设理论模型（见表2-9-1）存在一定缺陷，作为有限理性人的用户虽然有理性、实际的诉求，但其决定仍受感性思维的影响。在设计行业现代化管理过程中，设计师和用户的角色特性在不断的融合，设计决策趋向由两者共同协商做出。

表2-9-1 “完全理性”的假设理论模型中设计师和用户的角色差异

设计师（完全理性人）	用户（有限理性人）
追求最优、最好的设计方案	追求满意、实际的设计方案
与一切复杂要素相关	对使用功能性、情感体验等要素的考虑
不太现实	符合实际需求，如价格、生产成本、生产周期、利润空间等

设计决策往往受以下条件局限：

① 决策者知识体系并不完备，对所处环境了解片面，获取的信息不完整。

② 设计结果的有效性难以预测。

③ 设计的可行性范围有限，设计师与用户的认知存在差异。

④ 设计行为会受价值观、直觉等因素的影响。

设计决策是根植于对待解决问题的复杂性了解，西蒙的有限理性理论对于我们理解设计创新行为有着重要的意义。

西蒙的有限理性理论首先廓清了主观期待效用模型、行为模型、直觉模型 3 种理性模型的概念与关联。设计师抑或客户的主观期待是一种看似美轮美奂，实则并不现实的设想。在设计过程中，人们常受到直觉的影响，探讨有限理性、情感对设计决策的影响具有关键意义。价格机制、有效沟通能够在设计决策和设计开发中发挥理性的作用。价格机制作为与供需相互联系的市场运行机制能够有效调节消费需求方向与需求结构的变化，消费者可以忽略关于产品生产商、制作工艺等繁杂的信息，设计师和开发人员可依靠价格机制做出理性决策。有效沟通也能为增强设计理性决策起到重要作用，设计师与用户可以在为各自辩护的过程中增强对设计需求和市场等有关事项的了解程度。

综上所述，随着时代的变迁，设计管理学科的不断发展，人们对有限理性和满意解的认识不断加深，多次补充阐释也让有限理性和满意解在不同阶段有其适用性和普遍性。对设计师而言，认识现实世界的复杂性比提出一个设计方案更为重要。仅依靠主观期待并不能清楚地了解客户需求，有限理性和满意解可视作一种设计管理工具，这对于设计人员如何认识、理解和满足设计需求，提出设计方案及分析研究结果具有深刻的启发意义。

2.9.5 奥斯本检核表法

奥斯本检核表法是针对用户需求而制定的检核表，可以用于新产品的设计研发。它主要引导设计师在产品开发过程中对照 9 个方面的问题进行思考（见表 2-9-2），以开拓思维的想象空间，从而产生颠覆性的原创设计思维，这包括能否改变、能否借用、能否扩大、能否缩小、能否代用、能否重新调整、能否颠倒、能否组合、有无其他用途。设计工作坊的学生围绕设计课题相互启发、提问，引发设计思维的蝴蝶效应，由此产生若干创新设计方案。

表 2-9-2　奥斯本检核表

序号	问题日期	描述	记录人
1	×××× 年 ×× 月 ×× 日	对现有产品的外观稍做改动会影响产品的结构功能吗?	××
2	×××× 年 ×× 月 ×× 日	该产品的功能实现能否借用相关类型产品的经验和设想?	××
3	×××× 年 ×× 月 ×× 日	扩大或添加产品的尺寸及细节会怎样?	××
4	×××× 年 ×× 月 ×× 日	缩小或去除产品的尺寸及细节会怎样?	××
5	×××× 年 ×× 月 ×× 日	能否改变产品的工作方式? 其核心功能的实现能否被其他技术或工艺替代?	××
6	×××× 年 ×× 月 ×× 日	改变产品组件的排列顺序、逻辑关系、基准会怎样?	××
7	×××× 年 ×× 月 ×× 日	使产品上下倒置、反向运动会怎样?	××
8	×××× 年 ×× 月 ×× 日	产品的功能、组件、工艺材料能否重新组合?	××
9	×××× 年 ×× 月 ×× 日	能否赋予该产品其他功能用途?	××

2.10

平衡形式与功能的重要性

在产品设计发展的各阶段中，形式与功能一直在努力平衡相互的关系。“Form Follows Function”形式追随功能，这是芝加哥学派的现代主义建筑大师路易斯·沙利文的一句名言。鲜有人知道这句名言所产生的背景。1871 年芝加哥发生了一场大火，摧毁了三分之二的城市建筑，为了能更快地建造更多的建筑，在芝加哥出现了框架结构的摩天大楼，并逐渐形成了简练明快的建筑风格，由此而生出芝加哥学派，这就是沙利文提出上述口号的历史背景。“形式追随功能”是反映当时的状况和建筑设计的最初问题，但是其内涵并不等同于纯粹的功能主义，容易被误解为过激和过时的口号。

中国古代也有“器以象制”一说，在农业时代运用传统的筒车来实现引水灌溉的功效，其外在形式之美令人赞叹，故有北宋范仲淹“器以象制，水以轮济”

的赞誉之词。筒车——“器”达到引水灌溉之功效，它就必须要依附于一个外在“象”的形式来承载、实现，即所谓“象以载器”。

形式和功能两者的辩证关系会是设计师一直研究的话题，功能是通过形式来表达的，同时功能是受形式的制约或者规定的，只有两者结合才能完成产品设计的实现。这就是柳冠中先生常说的事理学的道理：功能和形式均是围绕人的需求和矛盾等产生的，对它们关系的阐释就是理的完善。

1.“Less is more”和“Less，but better”

Less is more（少即是多）和 Less，but better（少，却更好）是不少设计专业的学生都熟知的两句名言，其中“少即是多”并不是由米斯·凡·德·罗最早提出的，他在回答当时记者对米斯何谓简约主义的提问时，从英国诗人罗伯特·勃朗宁的诗中借用了这句格言，用它来赞美设计师为节约而自愿克制所产生的道德和美学价值。“少即是多”更像是一种人们对极简生活的信仰追求，颇具深刻的哲学意味。而“少，却更好”是由是 20 世纪六七十年代迪特·拉姆斯（Dieter Rams）所提倡的一种设计理念和追求，他提出了较为明确的设计要求。

拉姆斯的设计风格与理念对今日的苹果公司设计师乔纳森·埃维和无印良品设计师深泽直人都表现出显著的影响。在工业设计纪录片 *Objectified* 中，拉姆斯表示苹果公司是唯一一家遵循他“好的设计”原则去设计产品的公司。

通过图 2-10-1～图 2-10-3 对比不难发现，苹果公司的设计风格在一定程度上承袭了博朗公司 20 世纪六七十年代的产品造型元素。通过以下系列产品的对比研究，可以发现好的设计往往有异曲同工之妙，这些继承创新的设计法则主要应用在造型、技术、使用方式及附加值等方面，平衡形式与功能的重要性将会是产品设计恒常的议论焦点之一。

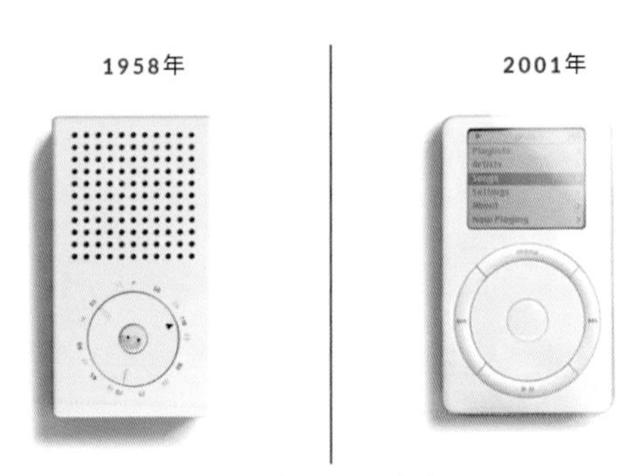

图 2-10-1　博朗的 T3 收音机和 iPod

图 2-10-2　无印良品的音乐播放器

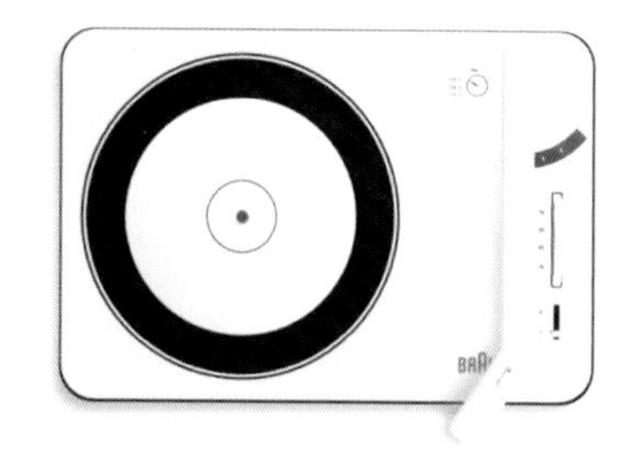

图 2-10-3　迪特尔拉姆斯设计的音乐播放器

2. 功能与设计审美的统一

功能是产品的核心技术，产品功能多数以机械化、电力化为主，也有与化学、数字化相关的技术结合，通过合理的材料与制造，达到内部结构与样式的要求。人机工程学问题是产品功能的集中体现，产品的舒适、易用和安全，必须要能与设计审美因素互为补充。

设计审美是将感性经验作用于产品体验过程中的感觉因素，设计审美应该满足用户的期望，在塑造产品自身品牌形象的同时，度量产品如何满足预期市场中人们的生活方式，视觉、听觉和触觉等知觉因素可以归结为设计审美的属性。

功能和审美好比设计天平的两端，二者不可偏废其一。如果是仅注重于功能，忽略美感，缺失审美功能的产品，则只能称为器物，谈不上艺术品，这样的设计难以被时代所铭记；同样地，仅是注重美感，而忽视功能，将失去使用价值，则只能成为一个摆件，不能成为实用器具，这种设计是失败的设计，甚至谈不上是设计，因为设计的初衷是为人服务的。

第 3 章

产品设计开发

3.1
产品开发周期

许多产品的设计开发周期都在 1 年以上，知名企业的工业设计产品的完整开发周期需要 3 年左右的时间，有些甚至长达 10 年之久。工业设计业内对产品开发周期的定义并不统一，许多设计公司并不将市场销售和维护升级服务包含在内，图 3-1-1 是取得企业方广泛认同的产品开发周期图，值得注意的是，迭代产品开发一般不放在同一产品开发周期内。

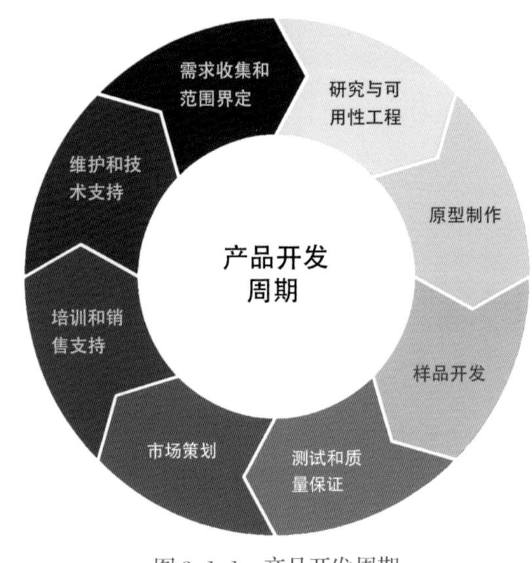

图 3-1-1　产品开发周期

3.1.1　产品开发各周期职能

1. 需求收集和范围界定

产品开发周期中的需求收集和范围界定是一个重要工作，由产品经理负责制定收集的方法，通过需求收集的目的和结果来判断产品是否到位或者说是界定产品开发的范围。如果工作结果是客户想要什么产品，则说明结果是错误的；如果工作结果是客户用我们的产品来解决什么问题，则说明结果是正确的。

2. 研究与可用性工程

研究与可用性工程是产品开发周期的初级阶段，在该过程中主要由产品总监或产品经理与项目经理进行主导，经过深入地调研与分析，准确理解用户的需求及项目的具体要求。该过程是将用户的非形式需求表述转化为对产品的完整需求，从而确定设计必须做什么的过程。可用性设计依据的核心在于在产品开发的整个流程中反复进行科学、详尽的可用性测试，并不断改善与提升产品的可用性。可用性工程最主要的目的是研究本产品的可行性及科学性，能最大限度地保证产品的价值及人们潜在的需求。

3. 原型制作

该阶段主要由产品经理进行主导，设计师根据需求分析的结果进行原型设计，结构设计师使用Pro/E工程软件协助进行高保真原型制作。这个过程有一个非常重要的点，就是产品经理需清楚整个项目未来发展的目标，并进行蓝图规划，产品开发要以满足基本的功能上线（快速占领市场）为先，后续再根据运营数据分析、市场反馈信息进行版本快速迭代。

4. 样品开发

样品开发是整个产品开发流程中最具挑战性的环节，是把经过初期开发与评价后形成的新产品概念转变成产品样品并加以评价的过程。该阶段一般包括新产品的实体、结构、部件及使用功能的设计、制作工作。产品样品的开发需要很高的细节还原度，所以产品总监必须管理好样品开发，才能保证后期产品的有效性及可行性。

5. 测试和质量保证

该阶段是由结构工程师或技术部门主导，通过质量控制检查所开发的产品是否满足预期的质量要求，并给出改进建议，趋向于“需求确认，产品测试”；而测试是质量控制的最后一道关卡。通过各种科学的手段测试与实验来找出产品样品的不足之处。将不足之处进行反馈，由技术人员进行科学的评估测试，找到切实可行的方法来解决产品的缺点，以保证产品的质量过关，其最终目的是向终端用户提供最佳质量的产品。

6. 市场策划

当设计项目的开发与测试完毕后，产品经理和项目经理将进行项目的验收及发布的安排。发布后，产品开始进入运营状态，产品经理根据运营关键指标分析市场与其他部门的反馈数据，挖掘客户的消费心理和消费需求。该阶段需要完成策划方案、品牌推广方案、设计报告等，在线上收集反馈数据，分析结果，不断地改进推广效果，在网站、微博、微信等新媒体上进行推广。

7. 培训和销售支持

该阶段是在完成市场策划后的一个关键阶段，当整个产品的市场策划完成后，需要销售经理对销售人员进行培训。销售是将创作价值传递给顾客及满足客户需求的过程。

8. 维护和技术支持

维护和技术支持的优劣会影响消费者对产品的满意度。随着消费者对消费体验及售后服务要求的不断提升，消费者不只关注产品本身，在同类产品的质量与性能都相似的情况下，优质的维护和技术支持可以提升品牌竞争力和消费者的购买意愿。所以该阶段对稳定长期客源具有重要意义。

综上所述，产品开发周期是一个系统性管理工程，除了需要设计部门参与外，还需要结构工程师、生产部门等相关部门的一起参与。对于新产品开发周期管理的研究思路，基本上遵循“提出问题”——“分析问题”——“提出解决措施”的科学研究方法。

3.1.2 案例分析

表 3-1-1 ~ 表 3-1-5 展示了海信集团设计部门和青岛桥域创新科技有限公司参与的产品项目开发案例，显示了不同产品的大体开发规模与特征。

表 3-1-1 案例分析一

	海信 V 款互联网电视
年产量	10 万台
销售生产周期	4 年
销售价格	5800 元（55 寸）、8000 元（65 寸）
开发时间	2016 年 8 月至 2017 年 5 月
内部开发团队最大规模	产品经理（1 人）、项目经理（1 人）、软件设计师（2 人）、硬件设计师（2 人）、电路设计师（1 人）、结构工程师（2 人）、模组工程师（2 人）、工艺设计师（1 人）、采购（1 人）、工业设计师（4 人）、品牌推广（2 人）
外部开发团队最大规模	配套工厂包括：屏幕采用三星资源厂、3 家金属件制造供应商、音响供应商、科大讯飞扬声器、灯光环厂、Logo 标牌制作厂、手板厂等
开发成本	数百万元，其他不详
生产投资	模具费数百万元，其他不详
知识产权情况	2016 年 10 月份开始申请外观专利，2016 年 12 月份申请若干实用新型专利，2017 年三四月份获批

表 3-1-2 案例分析二

	静电纺丝仪
年产量	3000 台
销售生产周期	3 年
销售价格	500 元
开发时间	2014 年 6 月至 2016 年 12 月
内部开发团队最大规模	产品经理（1 人）、硬件设计师（1 人）、电路设计师（1 人）、采购（1 人）
外部开发团队最大规模	设计公司：工业设计师（2 人）、结构工程师（1 人） 配套工厂包括：PCB 资源厂、高压模块厂、注塑 + 模具厂、铜圈制作厂、注射器供应商、高压模块供应商、电池和推进装置供应商、手板厂等
开发成本	20 万元
生产投资	模具费 10 万元
知识产权情况	2014 年 7 月份开始申请外观专利、若干实用新型专利、一项发明专利，2015 年三四月份获批

表 3-1-3　案例分析三

	雷霆世纪游戏电脑台式机箱
年产量	50000 台
销售生产周期	4 年
销售价格	5000～7000 元
开发时间	2018 年 11 月至 2019 年 4 月
内部开发团队最大规模	产品经理（1 人）、项目经理（1 人）、硬件设计师（1 人）、采购（1 人）、品牌部（1 人）、渠道部（1 人）
外部开发团队最大规模	设计公司：工业设计师（3 人）、结构工程师（2 人） 传媒公司：视频制作（2 人） 配套工厂包括：注塑 + 模具厂、机箱五金件厂、手板厂等
生产投资	模具费 28 万元

表 3-1-4　案例分析四

	脱毛仪
年产量	20000 台
销售生产周期	5 年
销售价格	1800 元
开发时间	2018 年 12 月至 2019 年 8 月
内部开发团队最大规模	产品经理（1 人）、软件设计师（2 人）、电控设计师（1 人）、硬件设计师（1 人）、采购（1 人）
外部开发团队最大规模	设计公司：工业设计师（2 人）、结构工程师（1 人） 配套工厂包括：注塑 + 模具厂、PCB 资源厂、光学镜片厂、激光发射模块厂、手板厂等
生产投资	模具费 28 万元

表 3-1-5　案例分析五

	机床（1060 立式加工中心）
年产量	1500 台
销售生产周期	5 年
销售价格	25 万元
开发时间	2017 年 3 月至 2017 年 10 月
内部开发团队最大规模	产品经理（1 人）、软件设计师（1 人）、工艺设计师（1 人）、机械工程师（1 人）、硬件设计师（2 人）、采购（1 人）
外部开发团队最大规模	设计公司：工业设计师（3 人）、结构工程师（2 人） 配套工厂包括：钣金厂、吸塑厂、标牌厂、五金把手供应商、系统方案供应商、警示灯厂等
生产投资	塑料部件的模具费 6 万元

3.2
产品开发流程

产品开发流程是企业设计、开发产品，并使其商业化的一系列执行步骤或活动，是有组织的群智活动，而非自然的活动。有些设计机构可以清晰界定并遵循一个详细的产品开发流程，而有些设计公司并不能准确描述其开发流程。产品设计工作坊采用的开发流程与设计公司、企业会有一些不同，尤其在产品开发和检验阶段会受到职业经验和场地设备等条件约束。尽管如此，产品设计工作坊仍需对产品开发流程进行准确的界定，让工作坊的学生在设计思维之后的方案深化阶段与企业的设计开发阶段进行对接，具体流程如图 3-2-1 所示。

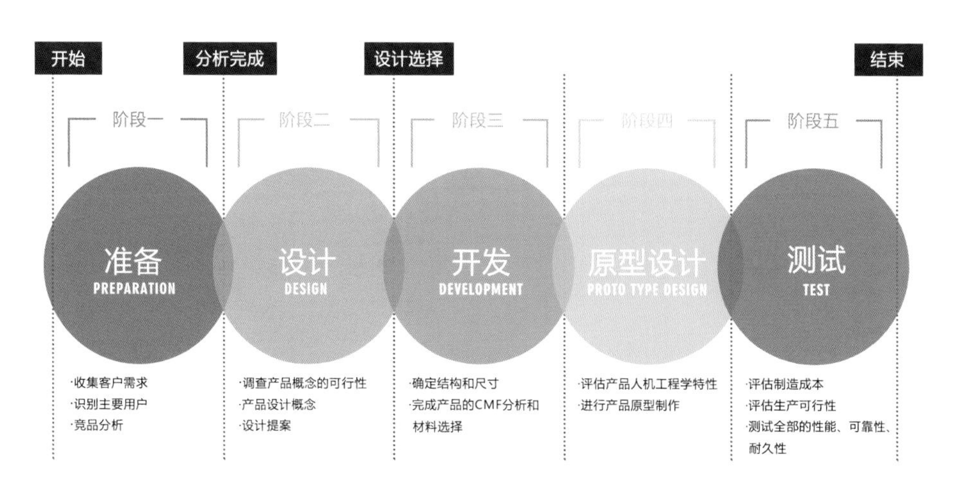

图 3-2-1　产品开发流程

3.2.1　产品开发流程的 5 个阶段

（1）准备：当设计师接受设计任务时，要开始一系列的准备工作，此阶段的重点在于识别客户需求，基于需求分析展开相关竞品的资料整理与分析。

（2）设计：在完成客户需求采集和市场调研的基础上，对概念产品进行方案预设和评估。概念产品首先应满足对于未来产品各个角度的表述，其次进行设计可行性的讨论和分析。

（3）开发：该阶段是产品开发流程的关键部分，将产品分解为子系统、组件及关键部件。根据结构要求确定产品各个部件的尺寸，对产品的 CMF（Colour、Material & Finishing，即产品设计的色彩、材料和加工工艺，见 3.4 节详细介绍）进行分析与评估，选择适当的材料进行制作。

（4）原型设计：产品原型设计是产品设计方案的表达，是产品设计界面的展示，是功能与交互的示意，也是与其他人员沟通的重要依据。该阶段根据使用场景的不同，可分为低保真原型制作和高保真原型制作。在高等院校产品设计工作坊中，低保真原型具有制作时间短、成本低等优势。产品的原型设计不仅包括产品的样机（手板件）制作，而且需要产品功能结构图和产品操作逻辑说明。

（5）测试：产品测试阶段涉及产品功能、结构、应用特性的综合评估，产品原型样机通常由设计委托方的工程部门进行具体的内部评估，也被客户在其使用环境中进行测试，以确定是否对最终产品进行必要的工程变更。该阶段主要是发现和解决设计开发流程中的问题，从产品的样机测试到实际量产是一个渐进的过程，设计人员应仔细对照测试评估结果进行相应的调整与修改。

3.2.2 设计工作坊、设计公司、企业的产品开发流程差异对比

如图 3-2-2 所示，设计公司或企业开发新产品的流程和高等院校产品设计工作坊大体相似，但两者每个阶段的细节流程又不尽相同。在产品设计工作坊新产品开发与企业开发差异对比中，产品设计工作坊由于研究周期短、研发成本低等原因，使得设计成果难以和产品的生产部门、销售部门等直接对接。在校企合作模式深化改革的背景下，产品设计工作坊面临着新的形势和挑战，许多高等院校鼓励师生将研究课题带入企业进行完善和升级，而企业方的工作人员也在设计提案和原型制作的过程中给予产品设计工作坊许多专业指导意见和设备、资金上的支持。

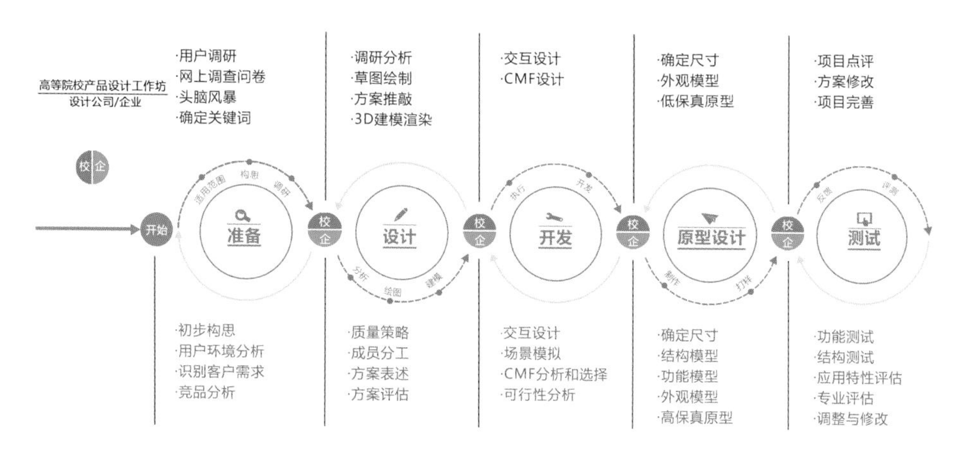

图3-2-2 设计工作坊与设计公司和企业的产品开发流程差异对比

3.3 供应商的介入

供应商介入设计流程的概念很早就被引入，但几乎从未在产品设计工作坊中被真正实施，这与校企合作项目的时间管理和开发成本有较大关系。产品设计工作坊中的设计团队往往提供的是产品效果展示而非最终的解决方案。

供应商拥有丰富的生产工艺知识与经验，如缺乏供应商的有效介入，产品设计存在的结构及工艺问题难以被及时发现并修正。工艺设计的反馈是产品开发流程的重要阶段，设计师在产品开发流程中保持与工程师和制造商的密切合作，是优化产品设计的重要举措。

产品设计工作坊中的企业方主导着供应商的挑选与管理过程，企业方往往通过价格竞争对供应商进行挑选，并将更多精力放在价格谈判和成本控制上，高等院校设计团队很难在设计早期与供应商进行有效沟通，双方对于设计问题的沟通过程是存在理解误差的。设计行业不像其他高技术行业有着单项目合作长久的供应商关系，许多技术复杂、分工细致、研发周期长的开发项目需要供应商跟随一项产品完成迭代更新的全生命周期，而全生命周期动辄数十年。产品设计工作坊中的设计团队应该学会与供应商建立长期联系，了解产品开发与工艺设计的重要性，通过生产工艺及产品细节的优化确保产品量产的可行性并有效降低开发成本。而设计优化并不是依托制造供应商单方就能完成的，需要设计师在产品开发前期准确识别用户需求，了解产品模具开发及工艺实现等相关知识，赋予设计概念合理的功能与结构要求。

3.4

设计工作坊中的 CMF 知识

CMF 是设计师们工作中再熟悉不过的概念了，它由 Colour（色彩）、Material（材料）和 Finishing（加工工艺）3 个英文单词首字母组合而成（见图 3-4-1）。关于 CMF 概念的起源探究众说纷纭，目前没有形成一致的观点。早在 20 世纪中期，CMF 概念已经开始应用于珠宝设计、服装设计、产品设计和室内设计等诸多领域。产品 CMF 设计趋势和研究方向旨在打造完美的用户体验，并建立用户对产品的色彩、材料、加工工艺、纹理、体验等方面的情感认同。图 3-4-2 为 1998 年 Jonathan Ive 为苹果公司设计的 iMac G3，以全新的 CMF 设计获得了消费者的情感认同。

图 3-4-1 CMF 设计

图 3-4-2 iMac G3

CMF 设计是一种设计学、美学、工程学、社会学等多学科交叉融合的设计方法，CMF 设计工作坊在高等院校的引进和推广正在不断扩大，不少产品设计专业学生在学习 CMF 知识时都存在以下几点疑问：

（1）作为一名合格的产品设计师应该掌握哪些 CMF 设计知识？

（2）如何通过 CMF 设计方法准确识别用户的设计需求？

（3）在三维模型制作时进行哪些设计参数优化，可以使得最终方案效果良好，具备量产能力？

（4）设计提案在色彩、材料、加工工艺等方面被 CMF 工程师否决时，如何在确保原设计风格不大改的前提下进行设计完善？

上述问题都是产品设计工作坊在引入 CMF 设计教学中重点研究的问题，产品设计专业学生需要掌握目标产品的色彩、材料及加工工艺特点，在三维模型设计初期考虑到产品 CMF 设计特性，通过与工程师的沟通使得设计方案更接近量产化要求，同时提升产品的用户体验。

3.4.1 CMF 设计师和 CMF 工程师的区别

随着设计行业的发展，CMF 设计已渗透到越来越多的行业技术领域。在传统制造业，如手机、汽车、珠宝首饰、白色家电等大型生产企业多数有自己的 CMF 设计部门，其中的 CMF 设计师和 CMF 工程师有不同的任务分工。

CMF 设计属于产品设计体系中的一个细分模块，CMF 设计师作为一个新型的复合型专业技能岗位，主要从事 CMF 设计方面的技术工作。由于 CMF 设计师的知识结构学科跨度大、专业实践性强，专业型的 CMF 设计师属于紧缺型人才。目前，多数 CMF 设计师基本上都具有艺术设计专业背景。

CMF 工程师主要从事 CMF 工程技术方面的工作，CMF 工程需要具体落实设计的量产需求，从色彩、材料和加工工艺的角度保证 CMF 设计在工程上的品质实现。企业中的大多数 CMF 工程师来自材料与结构工程专业，他们在产品开发流程中扮演着关键的角色。

3.4.2 CMF 设计实践

产品设计工作坊的学生大多对产品的造型工艺和生产流程缺乏了解，许多校企合作项目无法达到企业的量产要求，最终导致设计提案的通过率很低。

CMF 学习过程非常注重实践，产品设计工作坊的同学除了参与实际项目开发流程之外，还需要参加相关企业或者设计公司组织的 CMF 培训。在实践中通过现代化的工业生产线、设备，高效和有保障的产品品质，学生可以加入 CMF 学习过程（见图 3-4-3），更好地理解、感受 CMF 的魅力，并亲自体验材料的色彩和表面处理的效果。方案被选中的设计小组有机会到企业的生产车间或者模具制作供应链中了解并体验实际生产过程，巩固理论知识，加深实践印象，为今后走向设计岗位夯实基础。

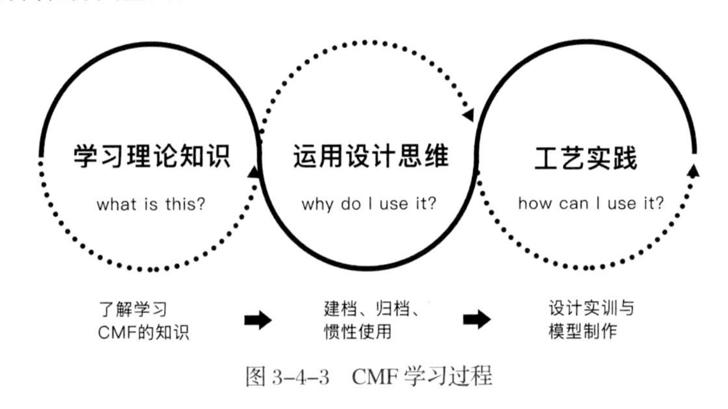

图 3-4-3 CMF 学习过程

3.4.3 CMF 模型制作

CMF 模型制作是对设计方案可行性的综合评估，也是对设计师实践能力的考验。手工模型在家用电器、医疗器械及公共服务设施等行业中起着重要的作用，模型检验时反馈的信息可以帮助设计方案获得改进与完善的直观意见，进而提高良品率，最终满足消费者的使用需求。

从纯手工模型制作、半机械化模型制作到现代3D打印模型制作的进步是现代制造技术进步的一个缩影，但在实验设备和场地受限的高等院校产品设计工作坊中，低保真手工原型制作有着不可替代的重要作用，它可以快速模拟产品的外观和结构特点，并还原产品的使用场景（见图3-4-4和图3-4-5）。

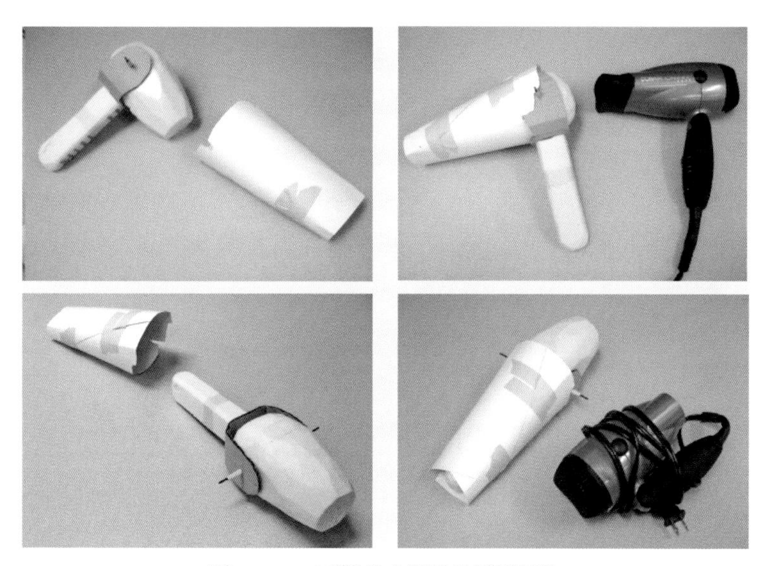

图3-4-4　可折叠吹风机的原型制作

图3-4-5　iPhone原型设计模拟产品交互界面

目前，多数高等院校的设计实验室都配有教学演示级的3D打印机，可以较为精准地制作等比例缩放的模型（见图3-4-6），用于研究产品的外观和结构是否合理。

图3-4-6　Form 3 3D打印机

CNC加工是一个利用铣削刀具去掉材料的制作流程（见图3-4-7），这个流程从固体材料上切掉材料，形成最终的形状。相对于传统手工模型制作和3D打印流程来说，CNC加工流程具有很多优势，最明显的优势是能够通过计算机制作非常复杂的高精度立体形态。

图3-4-7　CNC数控机床

实践证明，手工模型的制作不仅对产品设计决策起着至关重要的作用，也是对产品设计定位、成本控制、生产制造、质量检测、宣传展示、市场营销及回收处理等产品生命周期做的全盘考虑。

3.4.4 模型制作的作用

（1）外观设计评估：外形尺寸、拆件比例、配色方案、材料与表面质感等。

（2）结构设计合理性评估：产品尺寸、装配方式、结构强度、配合间隙、材料选择等。

（3）产品功能性测试：装配测试、操作测试、跌落测试、电气测试、主板性能测试等。

（4）投产前成本优化：结构件成本核算、电气排布、组装方式、成本优化等。

（5）样机展示：市场推广、商业展示、电商摄影拍摄等。

3.4.5 模型制作的需求

（1）设计方案展示的需求：设计方案能更直观地表达和检验。

（2）设计展览的需求：宣传和设计交流，电子展示，商业推广。

（3）工厂产品验证的需求：手板模型应用在产品设计、产品研发的初期阶段，还不适合批量生产加工，开模的成本风险较大，所以越来越多的公司选择做手板模型来检验外观及结构，抢占市场先机。

3.4.6 模型的综合验收

（1）查看模型整体效果，检查模型的整体装配，进行功能测试（见图3-4-8和图3-4-9）。

（2）检查模型的配重，外观的质感、颜色、间隙、Logo和字符等细节处理。

从选题到定稿，从CMF理论学习到项目实训，围绕项目需求做设计，产品设计工作坊结合CMF设计知识，可以更好地适应企业化生产需求，提升产品设计的可行性。

图 3-4-8　2015 年 Coventry University Automotive Design Degree Show

图 3-4-9　Ogle Mini“吊坠”灯模型验收

3.4.7 产品原型制作案例——概念游戏机油泥模型

接下来将以产品设计工作坊中的油泥模型制作为例，讲述设计专业学生完成产品原型制作的过程。产品原型制作是产品设计过程中的一个重要步骤，构思后的创意以直观的实物模型来展现。模型制作的过程不仅是帮助学生分析和掌握产品的功能、结构、形态等设计要素的过程，也是启发学生的设计灵感，拓展学生的设计思维，将理论应用于实践的过程，产品的原型制作对于产品设计工作坊实践教学有着重要意义。

这款游戏机概念设计基于“随时随地一起玩”的理念，有 4×2 共 8 个手柄，可以供 4 人同时玩游戏，360° 投影可以实现多玩家裸眼虚拟现实。手柄部分采用原始的十字键及全屏幕触控，底座式无线充电供电，配件中的灯、音箱等可作为生活用品独立使用。

1. 概念游戏机故事版绘制

概念游戏机故事版绘制见图 3-4-10。

图 3-4-10　概念游戏机故事版绘制

2. 所用工具及材料

概念游戏机故事版绘制所用工具及材料包括切割机、油泥工具套组、油泥烤箱、油泥胶带、油泥、硬纸板、KT 板、木块、瓶盖等。

3. 模型制作展开与最终展示

模型制作展开与最终展示见图 3-4-11。

Step1.

根据设计草图，将木块切割成长方体作为内衬

Step2.

在KT板上画出物体三视图并切割

Step3.

将油泥块放入油泥烤箱，待加热软化后，附在木块上使之成为正方体

Step4.

用 Step2 中切割后的KT板作为参考，修整油泥块使其符合目标尺寸

Step5.

用油泥胶带在油泥上画出切割线，并用工具修出所有的所需形状

Step6.

在瓶盖内附上油泥使之成为底座

Step7.

用硬纸板制作唱片机

Step8.

用KT板画出三角形手柄形状并切割

Step9.

用油泥做出手柄的形状，对照KT板模板修整并抠出形状

Step10.

组装拼接

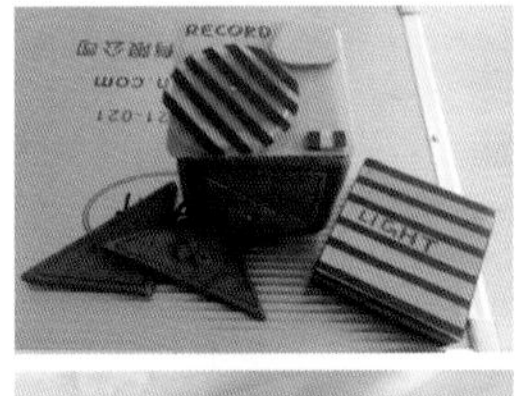

图 3-4-11　模型制作展开与最终展示

3.5 产品设计工作坊模型制作

3.5.1 产品设计工作坊模型室

产品设计工作坊模型室主要由作者本人及学院外教米沙老师共同管理。模型室配备激光雕刻机、3D 打印机、台锯、角磨机、电焊机、小型车床等多种设备仪器，目前，该模型室已成为学院特色工作室。产品设计工作坊模型室承担的专业方向主要为家具设计、产品模型制作和环境设计，如图 3-5-1 所示为米沙老师和他分管的模型室。

图 3-5-1　米沙老师和他管理的模型室

3.5.2 模型室家具设计作品

在课程实践中，米沙老师擅长将旧物利用于家具设计中，如图 3-5-2 所示，该作品是米沙老师指导学生完成的家具设计课程作业，是一款木质红酒手提箱改造的梳妆台。

这款梳妆台是木质红酒手提箱的再利用设计，设计初期希望将其改造成为梳妆台。考虑到使用者的习惯，在手提箱下方安装了长腿。梳妆台保留了手提箱的开合功能，闭合时可放置物件，成为室内装饰的一部分；梳妆台打开后，正对使用者的左侧是圆孔洞置物板，插入挂钩可挂梳妆用品或小饰品；右侧为梳妆镜。梳妆台内部空间采用亚克力板进行功能分区，用于不同物品的收纳。本该丢弃的木质红酒手提箱，经过一番改造工作后，以另一种方式在室内焕发光彩。

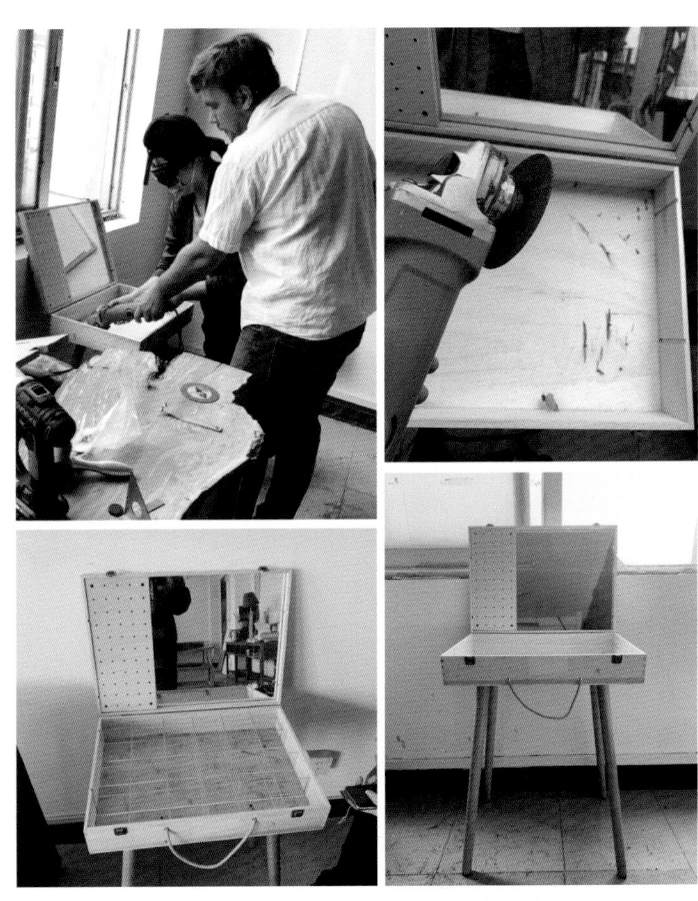

图 3-5-2 米沙老师指导学生进行家具设计

3.6
项目的定案与完善

许多设计咨询公司为客户提供全方位设计服务，包括品牌策划、产品外观设计、产品结构设计、工艺研发、手板制作、包装设计及设计供应商的沟通和管理等。目前，国内产品设计专业的本科学生大多缺少设计实践训练，对设计项目的定案与完善缺乏系统的认识，导致其与工程师、结构设计师的沟通障碍，影响了设计提案的通过率和量产可行度。在产品设计开发的最后阶段，项目定案与完善的容错率是很低的，该阶段将直接决定产品的核心获利能力、技术的可靠性和产品购买者的满意程度。产品设计专业学生在教学中如何利用现有课程资源、工作坊环境等条件去寻求合理的设计解决方案是设计项目定案与完善的研究核心。

设计项目的定案与完善工作一般包含两个部分：一是对构思阶段的若干方案经评估与选择后确定最终设计方案；二是优化最终方案的设计表现力及产品细节，满足企业方与用户的设计需求。

3.6.1 评估与选择

设计方案的评估与选择是寻找问题最佳解决方案的过程，该过程需要有据可依。本书第2.9.3节“设计团队的需求和个性差异”部分讲述了设计团队的领导人或决策者需要使用科学的评估方法选出最终设计方案。这个过程并不轻松，设计团队中的每位成员都有自己的感性思维特点，在交流、辩论过程中难免产生分歧，如果缺乏科学的循证方法，最终方案评估结果就难以统一。因此，在方案的评估阶段引入科学有效的选择标准变得势在必行，这要求设计者充分考虑用户需求、企业利益两方面的因素，平衡两者的利益冲突，进而达成设计团队的意见统一。

这里介绍一种简单有效的方案选择方法——概念选择矩阵（Concept Selection Matrix），见表3-6-1，案例来自本书第2章的餐盒设计。矩阵的行代表选择标准，各个选项可以设置不同的权重，表示属性的重要程度（表中的选择标准共包含12项，各项设置相同权重）。矩阵的列是待选择的若干方案，设计团队的每位成员可以为每个设计方案的各个属性打分（打分标准见表中的说明文字），矩阵中的各方案的最终得分或排名可以作为方案评估与选择结果的重要参考。

设计方案的选择阶段需要经过设计团队中每位设计师以设计答辩形式阐述各个方案的设计意图和突破点，方案选择矩阵的数值统计需要基于多位设计师同时打分的平均值。最后，项目管理者对照概念选择矩阵中的每项选择标准进行评估和比较，选出最佳方案。

表 3–6–1 “餐盒的设计”概念选择矩阵

	设计方案评估与选择			
选择标准	方案 A	方案 B	方案 C	方案 D
易于生产	+	+	0	+
可回收	+	+	+	+
可降解	+	–	–	–
工艺实现难度低	+	0	–	+
成本造价低	0	0	–	0
零部件少	+	–	+	+
保温性良好	+	+	+	+
使用体验	+	+	+	0
创新性	0	+	+	–
操作便利	+	+	–	+
造型美观	+	+	+	0
品牌效应	+	+	+	0
统计 + 数值	10	8	7	6
统计 0 数值	2	2	1	4
统计 – 数值	0	2	4	2
总分	10	6	3	4
排名	1	2	4	3
是否采用	是	否	否	否

说明：
“+”表示完全符合选择标准
“0”表示基本符合选择标准
“–”表示未达到选择标准

3.6.2 优化设计方案

经过设计团队评估与选择得出的设计方案需要获得客户的信息反馈，在此基础上进行最后的设计完善与优化。设计项目的完善与优化一般针对设计方案的三维效果图和原型制作两个主要方向。

（1）三维效果图可分为外观效果图、爆炸分解图和剖面结构图3类。产品的三维效果图还需要借助Photoshop及其他后期图像处理软件进行精修，达到向企业方描述产品真实材质表现和在空间场景中的光影效果等。在进行模型制作前，设计师可以使用Pro/E或UG软件制作产品的爆炸分解图，并在图中标注各个部件的组合方式、分解次序及尺寸信息。剖面结构图有时与爆炸分解图混合使用，它是产品横截面中显示内部结构的示意图。设计方案的工程制图一般由结构设计师在原有造型基础上根据国家制图规范来制作的，具有规范、精确、标准化等特点，是产品设计流程后期开模和试产的重要依据。

（2）原型制作可以按照实际产品的形状和结构，等比例制作成样品，它是对产品外观、内部结构、功能、使用方式等方面的实态检验，具有重要意义。产品模型依据不同用途大致可分为外观模型、高保真模型和功能测试模型3类。产品设计工作坊的学生大多只能制作低保真外观模型，它以表现产品造型效果为目的，借助3D打印技术或者CNC加工还原产品的色彩、造型、质感等细节。高保真模型不仅具备逼真材质效果，而且需要展示产品的内部结构、各组件的组合方式等。功能测试模型是以合理的结构为基础，展示产品工作原理的模型，具有一定的实验测试价值，是最接近产品实物的模型，也是产品开模前的最终检验和修正。在优化完善设计的最后阶段，设计师一般要以调研图片、图表分析、效果图展示、设计说明及模型照片的综合形式总结各个环节的反馈意见，并编写制作设计汇报书。

至此，产品设计师负责的设计环节已经全部完成，但这并不是产品开发全周期的结束。对于提供全服务流程的设计公司或者产品设计工作坊而言，设计师不仅需要负责产品的验收和测试，而且产品投产和实际制作过程中的修正、品牌策划、市场推广等也需要设计师的共同参与，从而确保产品能够准确地向用户传达它的技术功能和交互体验。

接下来展示的案例是关于设计项目完善与定案的真实案例。

3.6.3 全自动微型静电纺丝纳米纤维设备

企业项目展示

设计团队：青岛桥域创新科技有限公司

1. 项目背景

静电纺丝是一种特殊的纤维制造工艺，聚合物溶液或熔体在强电场中进行喷射纺丝。在电场作用下，针头处的液滴会由球形变为圆锥形，并从圆锥尖端延展得到纤维细丝。这种方式可以生产出纳米级直径的聚合物细丝。

目前，该技术主要应用于生物医用材料、过滤及防护、催化、能源、光电、食品工程、化妆品等领域。该技术在生物医学领域中的药物控释、创伤修复、生物组织工程等方面得到了很好的应用，未来有望应用于船舶的外壳、输油管道的内壁、高层玻璃、汽车玻璃等，并提高催化效能。

2. 设计创新性

全自动微型静电纺丝纳米纤维设备是青岛博纳生物科技有限公司推出的全球首款便携式纳米纤维原位喷涂装置，能够方便、灵活地实现多种聚合物纳米纤维材料的原位、定向沉积，突破了传统电纺设备体积庞大、笨重、移动困难的缺点，实现静电纺丝设备的跨越式发展。它既是一款普及纳米技术“独一无二”的演示工具，又是一款研究助手，在实验教学、医疗设备、美容、过滤净化等领域具有广阔的应用前景。

本产品是目前国内唯一一款微型自动化电纺纳米纤维设备，由诺康环保科技与青岛桥域创新科技有限公司共同研发及设计，10人的研发团队经过3个月功能模块设计和两个月外观及结构设计，历时5个月，于2019年3月正式上市。该产品已获多项国家发明专利、实用新型专利和外观专利。

3. 设计过程

这是一项典型的工程技术主导的设计案例，工程师先制定产品的规格和要求，然后设计师据此设计模型和外壳。对于大多数公司来说，设计正是被工程技术引领的。

作为一款手持式的设备，便于手持使用是相当重要的，在对产品结构分析的过程中设计师不断自问：“这些功能真的是必须的吗？”咨询了工程师并对结构布局进行细微调整后，从造型、色彩、肌理3方面展开设计，产品渲染图如图3-6-1所示。

图 3-6-1　产品渲染图

（1）造型。在造型设计上，产品分为两部分的结构极大地限制了造型设计的发挥，这也是由工业产品本身的特性所决定的。尝试以简练的线条来概括产品的造型，并在细节处使用倒角这一常见的表现手法。

（2）色彩。使用科研、医疗器械常见的黑白色彩搭配，使产品更能融入应用场景。

（3）肌理。在造型与色彩设计受到限制后，设计师从肌理表现入手，希望通过丰富产品肌理细节来提升产品的质感。大部分的材料都可以通过表面处理的方式来改变产品表面所需的光泽、肌理等。通过不同的表面处理工艺，可以直接提高产品的审美效果，从而增加产品的附加值。对比与冲突是设计中惯用的表现手法，设计师选择在产品的主要面上使用抛光工艺，转折处采用磨砂工艺。不同于抛光工艺，经过磨砂处理后的产品表面不易反光，两者形成鲜明对比的同时，不仅提升了视觉丰富度，还可以有效地减少刺目的炫光和视觉干扰，同时明显地提升了产品的质感。

4. 产品实物展示

产品实物展示见图 3-6-2。

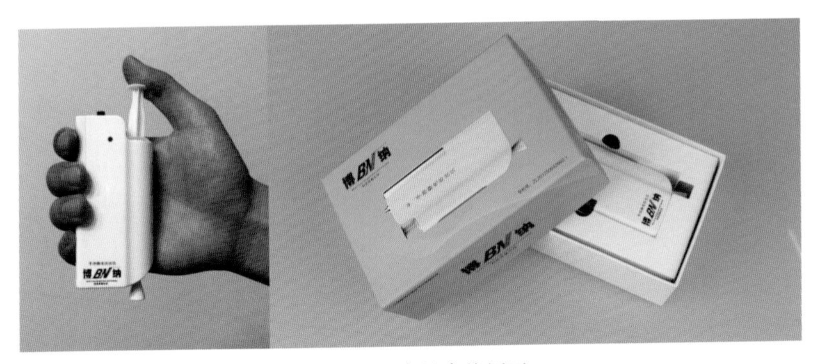

图 3-6-2　产品实物展示

5. 设计总结

与第 2 章介绍的“餐盒的设计”案例不同的是，本设计最终获得了企业的认可并顺利投入生产，但因企业考虑成本控制与成型工艺等因素使得投入生产的产品未能完全展现出效果图中的材质与肌理效果，且最终的包装设计也乏善可陈。

青岛桥域创新科技有限公司的设计团队在设计过程中把握住了产品的核心技术，把产品的外观形态和内部功能结构做到了很好的平衡，在少有的方案未做大修改的前提下最终得到了企业和工程师的认可。该产品获得了 2015 年中国设计红星奖（见图 3-6-3）。

可见，在设计过程中，就像厨师为了让自己的菜肴更加美味一样，设计师一直在做设计的加法，而工程师为了减少成本，降低工艺的复杂程度，总试图将“菜肴”的辅料减少，并不断告诉设计师：“这样的设计无法实现。”因此，设计师与客户、工程师的有效沟通与密切合作将成为产品成功的关键。

中国设计红星奖
CHINA RED STAR DESIGN AWARD

以下产品荣获 2015 中国设计红星奖
The "Excellent Prize of 2015 China Red Star Design Award"
is presented to:

手持静电纺丝仪
Hand-held Electrospinning Device

青岛博纳生物科技有限公司
Qingdao Bona Bio-Technique Co. Ltd

设 计：青岛桥域产品设计有限公司
DESIGN: Qingdao Nearbridge Product Design Co.,Ltd

2015年11月19日
19th November 2015

中国设计红星奖委员会
China Red Star Design Award Committee

icsid 国际工业设计协会联合会认证奖项
Icsid Endorsement

图 3-6-3　手持静电纺丝仪红星奖证书

3.7 设计专业三维软件使用频率分析

3.7.1 Rhino

Rhino（犀牛，见图 3-7-1）拥有简单、快捷的操作界面，同时具备较高的模型精确度，是产品设计专业必学的一款三维建模软件。对于产品设计专业低年级的学生而言，Rhino 是一款比较容易上手的三维建模软件，支持许多建模及渲染插件，操作难度较低。但使用 Rhino 建立的三维模型对于尺寸精度的把握不是很精确，很难直接将模型转入模具生产使用，Rhino 建立的三维模型更多地作为快速得到模型渲染效果图的一种方式。许多初学者在模型不精确的情况下将“.3dm”格式的文件导出其他格式，时常出现模型细节丢失和破面等现象。整体而言，Rhino 是一款能够让设计初学者快速掌握的一款模型制作软件，其新版本的 NURBS 建模功能也让曲线建模变得更加流畅，导出的模型精度也变得越来越高。

3.7.2 3ds Max

3ds Max（见图 3-7-1）是一款三维动画制作和渲染软件，它的操作指令较 Rhino 要稍微复杂一些，主要体现在其强大的渲染插件上，但它制作的模型内部结构细节比较有限，其建模逻辑与工业产品模型要求的精度和效率不太匹配，与

图 3-7-1　Rhino 软件与 3ds Max 软件

下游工程软件兼容性较差。3ds Max 的优势更多体现在室内设计的灯光场景布置和动画渲染效果上，它附带的 Vary 渲染插件具有很强的操控性。在学习这款软件的过程中所需的时间也更长，它并不是主流的工业设计软件。

3.7.3 Pro/E

Pro/E（Pro/Engineer，见图 3–7–2）是一款三维设计工程软件，以机械设计领域的新标准获得了我国产品设计业内的广泛认可和推广。Pro/E 因其在建模过程中对尺寸参数量化的高精准，成为模具设计及制作的首选软件。这款软件的建模逻辑是基于数值尺寸来确定造型的，这就导致它的工程意义太浓，外观造型设计受到了不少约束，并不是很符合工业设计师的个性需求。它的最大特点就是导出模型可以和后期模具制作进行无缝对接，其基于参数化的设计也使得后期修改模型变得简便。这款软件对于产品设计专业的初学者而言是比较难掌握的，学习时间相对较长。

3.7.4 SolidWorks

SolidWorks（见图 3–7–2）是基于 Windows 开发的三维 CAD（计算机辅助设计）系统，其技术创新符合 CAD 技术的发展潮流和趋势。国内外越来越多的高等院校都将SolidWorks计算机辅助设计课程作为设计制造相关专业的必修课程，它的功能强大，易学易用。在常见的三维模型设计软件中，SolidWorks 是设计过程比较简便的软件之一，在曲面建模过程中存在少量缺陷，但这不影响大多就职于设计公司的设计师对它的喜爱。

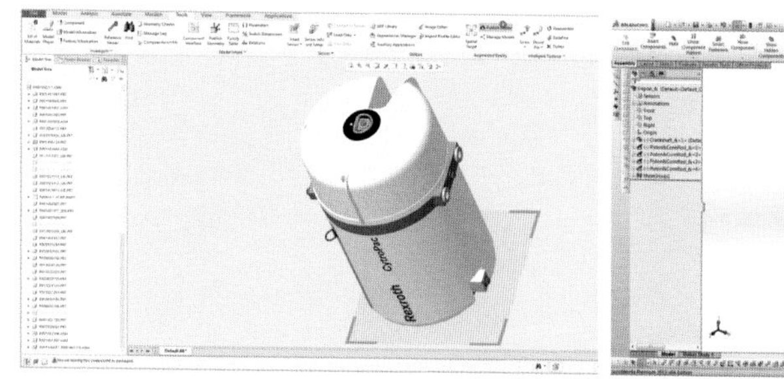

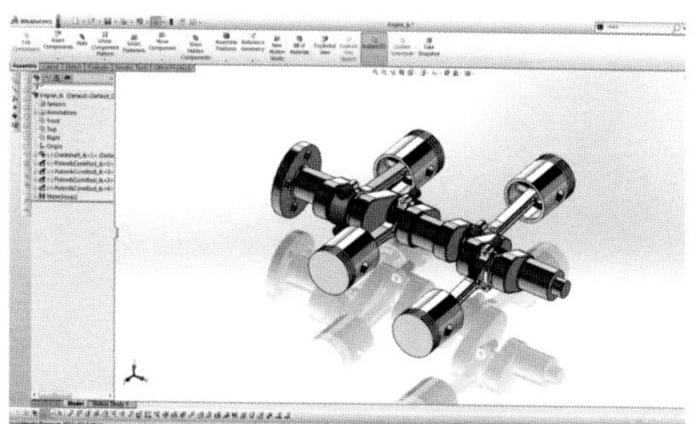

图 3–7–2 Pro/E 软件与 SolidWorks 软件

3.7.5 UG

UG（Unigraphics NX，见图 3-7-3）具备高性能的工业设计及制图功能，设计师可以灵活地建立和改进复杂的产品形状，并使用渲染和可视化工具为创新设计概念的审美要求提供了有力的解决方案。和 SolidWorks 一样，UG 受到了众多企业设计部门中设计师们的青睐。UG 最大的特点在于其加工处理后的模块符合主流的 CNC 机床和模具加工中心的要求，较之 Pro/E，它是一个半参数化建模软件，其模型修改功能十分强大。目前，这款软件在高等院校工业设计专业课程的普及度不高，更适合专业学生在实习或工作中进阶使用并掌握。

3.7.6 CINEMA 4D

CINEMA 4D（简称 C4D，见图 3-7-3）是一款应用广泛的三维表现软件，近年来在产品设计方面的表现同样突出。C4D 对多线程和 CPU 效率的改善，使得整体渲染质量和渲染速度都很优秀，对于工业模型渲染的支持度也比较好。该软件最大的特点体现在广告及电影场景渲染中，虽然不是一款主流的产品设计三维软件，但也有不少设计师在使用。

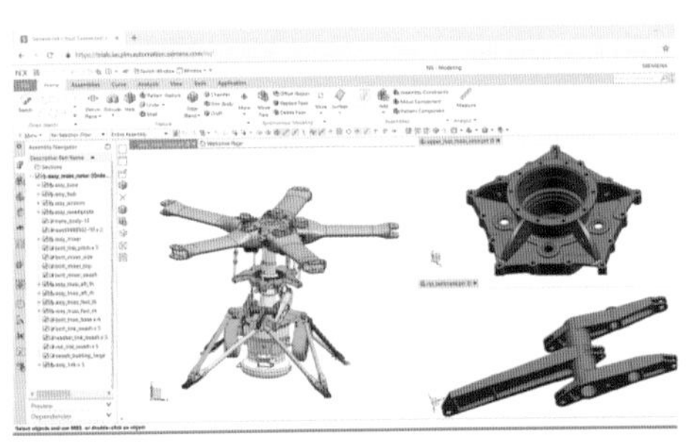

图 3-7-3　UG 软件与 C4D 软件

3.7.7 KeyShot

KeyShot（见图 3-7-4）之所以在现今的工业设计教学中流行起来，是因为其渲染速度很快，对于设计专业初学者而言，容易掌握。KeyShot 拥有大量的预设材质，支持实时渲染，新版本的 KeyShot 对于工业设计软件的适配性越来越宽泛。但它的缺点也很明显，渲染流畅度一般，渲染风格单一，后期还需要配合 Photoshop 等平面辅助设计软件进行效果图精修。

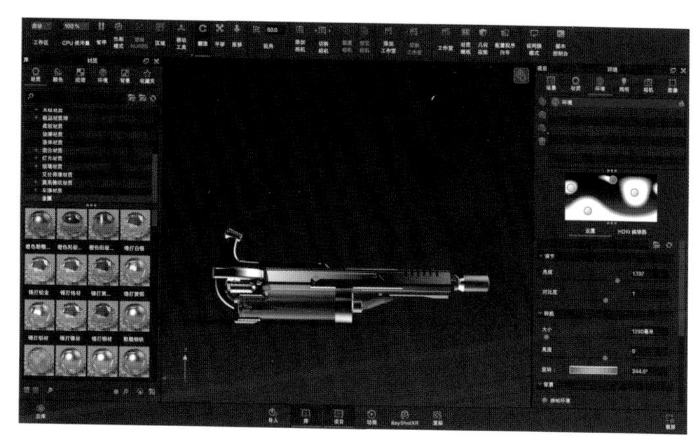

图 3-7-4　KeyShot 软件

综上所述，产品设计专业学生在学习期间至少需要掌握以上两三款三维模型制作软件，具体软件类型与学生专业背景和不同高等院校的课程差异性有关。在对相关高等院校设计专业、设计公司及企业设计部门的走访调查之后，作者整理了工业设计软件使用频率分析图，如图 3-7-5 所示。三维模型制作作为产品开发流程的中间阶段，需要考虑与后期模具生产的适配性，产品设计工作坊的学生应该掌握一两款进阶软件，才能更好地满足模具制作及加工工作的从业要求。

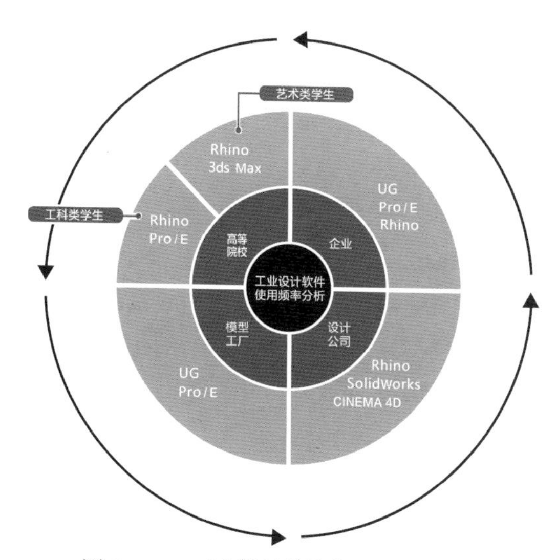

图 3-7-5　工业设计软件使用频率分析图

3.8
产品设计手板模型制作

大多数产品设计模型都是使用计算机三维辅助设计软件完成的，但高等院校学生设计的产品三维模型的源文件格式不尽相同。在产品的设计与研发中，手板模型的制作对产品三维模型源文件格式及尺寸标注有着严格的规范，手板模型制作不仅是诸多国内设计院校的毕业设计要求，而且也成为设计工作坊检验设计的必需步骤。

大量成功的设计案例表明，手板模型（见图 3-8-1）能够准确地呈现设计成果，并检测设计成果是否符合设计要求。具体而言，可以从外观检测和功能测试两个方面分析手板模型制作的重要性。

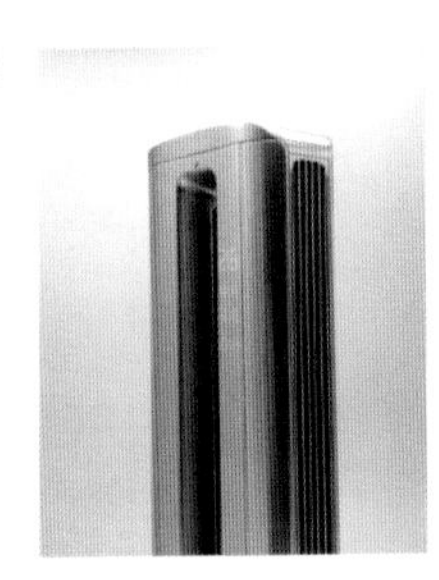

图 3-8-1　手板模型实拍图

（1）外观检测。手板模型能检测出设计产品的外观造型、尺寸是否符合设计要求，使用起来方不方便等。如果跳过手板模型制作这一步骤，直接开模制作模具，甚至批量生产，那么，一旦设计的外观不符合要求，将会造成大量的研发资金损失。例如，一个产品需要 5 万元的开发费用，量产需要 300 万元的费用，如果量产后才发现产品存在致命性缺陷，那将必然导致巨大的损失，不仅会浪费时间还会影响产品的上市，有可能为竞争对手创造机会。

（2）功能测试。功能手板模型是直接能反映产品的实物，能够对产品的功能进行直接的研究。例如，开发一款能够折叠的轮椅，在计算机辅助设计软件中产品能够完成设计要求，那么，该产品的实际体验又如何？此时，功能手板模型的优势就体现出来了。制作手板模型，并将其直接置于实际场景中进行各种测试，这种测试方法就是产品功能测试。

在产品的开发阶段，制作手板模型是非常必要的，能够降低开模的风险，在产品研发、提前销售和快速占领市场有着非凡的意义。

3.8.1 手板模型制作基本方法

1. 3D 打印

熔融沉积式 3D 打印（FDM）是产品设计领域中最常见的模型制作方式。3D 打印常用于制造原型和其他小尺寸的塑料零件。当设计的产品灵活性较高、几何形状不适合注塑或机械加工或制造小批量零件时，使用 3D 打印技术制作手板模型具有一定的优势。

3D 打印工作原理：将一卷塑料长丝送入加热的打印机头中，在此处将其熔化并挤出到构建平台上，喷嘴在精确地将薄薄的热塑料层挤出到构建平台上时，沿 *X* 轴、*Y* 轴和 *Z* 轴移动，将塑料的连续层沉积到先前创建的层上，直到完成零件打印为止。在 3D 打印实例中，受到产品造型的影响，一些造型往往需要一些支撑构件，就像建造大楼时搭建的脚手架一样，在打印完毕后，这些支撑构件需要拆除。拆除工作完成后，可以根据需要将模型进行表面处理，如打磨、抛光和喷漆等。

热塑性材料与光硬化树脂是 3D 打印过程中最常用的两种材料。使用 3D 打印工艺制造的塑料零件通常比使用立体光刻工艺制造的零件更耐用。但是，熔融沉积式 3D 打印的零件通常具有较差的表面光洁度，并且缺乏立体光刻工艺那种可以实现的高分辨率和精密细节。需要模型制作人员对实物模型的表面进行抛光、喷漆等后期处理。为了让一些结构件或是缝隙处喷漆效果更为完美，往往需要对一些零件单独打印，再进行后续处理工作。

2. CNC 数控机床加工

CNC 数控机床加工是指用数控加工语言（G 代码）进行编程控制的一种机械加工技术，在导入计算机辅助设计（CAD）源文件之后，CNC 铣削中心将沿着模型外轮廓开始逐步切削大块的原材料，直到制作完成符合尺寸要求的模型。聚氨酯工具板广泛应用于 CNC 数控机床加工领域，它具有不同密度类型，高密度板可以提供更好的强度和耐用性，而低密度板可以有效降低加工成本。CNC 数控机床加工的模型精度高、质量稳定，可用于复杂曲面的模型加工制作，但设备费用昂贵，加工和维护成本较高。

3.8.2 设计师与产品手板制造商的对接过程

设计师在向模型制造商提交三维模型时，需要将三维模型源文件转换成打印所需的 STL 或是 STP 格式。同时，设计师需要向工厂提供尽可能详细的尺寸说明、准确的色值，以及所需的表面处理工艺，必要时还要向工厂提供装配图或是各零件间的详细尺寸。如设计师和手板制造商提前进行沟通，将达到事半功倍的效果。

第4章 设计工作坊成果展示

4.1 陶制文创
——海昏侯纹饰在茶具设计中的应用

设计作者：赵思行
指导老师：许　迅

4.1.1 传统与创新：时代气息展现非遗文化

1. 背景概述

设计师在不断思考将非物质文化遗产以时代气息展现在大众生活之中，在达到文化保护目标的同时，实现传统文化的宣传与推广。西汉海昏侯墓是汉废帝刘贺的墓葬，墓中出土了大量精美的器物（见图 4–1–1），这些器物极具美学研究价值。本设计以海昏侯凤鸟纹文化元素着手，展开分析，挖掘设计创新点，并以茶具设计为切入点，让海昏侯墓文化以一种崭新的面貌呈现在世人面前。

凤鸟纹在海昏侯墓中广泛应用于车马器、漆器，以及青铜器之上。图 4–1–2 所示的金属车马器饰品上的凤鸟纹，饰品采用鎏金工艺，整体华贵大气。

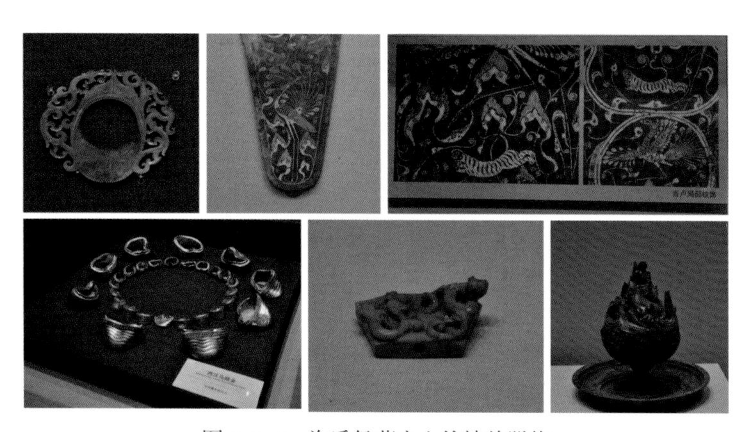

图 4–1–1　海昏侯墓出土的精美器物

图 4–1–2　海昏侯墓出土的凤鸟纹饰品

2. 设计机会点及设计载体

根据上述纹样分析，总结出凤鸟纹纹饰的设计机会点及载体分析（见图 4-1-3）：在造型上，凤鸟纹线条优美，形象造型优美，寓意吉祥美好，可以应用于平面装饰，如装饰画、印刷纺织物等；在色彩上，可以选用能够展现其原始韵味的色彩方案，制作仿古器物，如餐具、茶具、饰品、铜镜等。

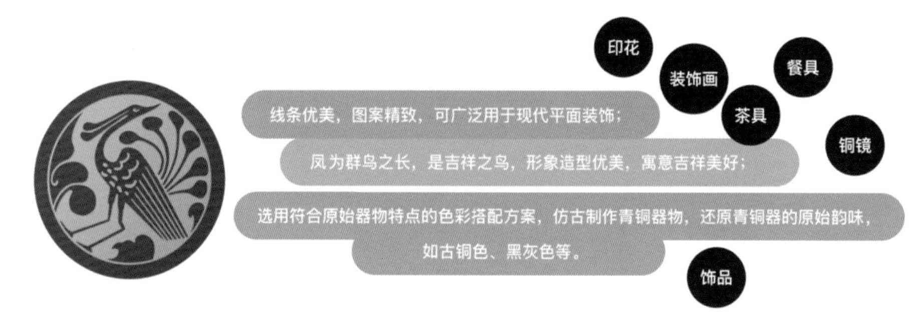

图 4-1-3　设计机会点及载体分析

3. 纹饰提取

分析原始图案后，不难看出古代匠人为了丰富凤鸟图案，在凤鸟周围加入了一些装饰纹饰。在本设计中，凤鸟周围的装饰图案不利于突出主题，经分析研判后，决定对其进行简化。如图 4-1-4 所示，简化后的图案使用描边技法获得凤鸟原形，随后对所获图案的曲率及折角处进行细节调整。

图 4-1-4　纹饰提取

4.1.2 承载与呈新：产品工艺探索

茶具不仅仅是泡茶品茗的容器，更是极具观赏与使用价值的艺术品。将海昏侯文化元素应用在茶具之上，不仅能够提升产品的精神内涵，还能满足消费者日益增长的物质和精神需求。经市场调研得知：将海昏侯文化元素应用到茶具中的案例极少，且当下文创茶具市场良莠不齐。设计师认为一款优秀的茶具不应只局限于是一个实用的器物，更应是文化与艺术的结合体。

1. 交趾陶文化介入

随着人们生活质量的提高，人们对产品外观、功能的要求也不断提高，现如今，利用工艺提升产品的造型与质感成为新的议题。例如，交趾陶是中国台湾地区极具特色的民间陶瓷艺术工艺（见图 4-1-5），呈现出多元丰富的中国民俗风格，堪称中国民间艺术之瑰宝。交趾陶的发明可以上溯至汉代的“汉绿釉”，经历唐朝“唐三彩”的洗礼，集绘画、雕塑、烧陶等技术于一体，在制作技法上以捏塑为主，再以木刀、铜棒等工具来画、压、勾勒出细节及纹饰。

图 4-1-5 交趾陶产品

交趾陶以瑰丽的色彩著称，其特点为晶亮艳丽的宝石彩釉。然而，传统的交趾陶是一种低温彩铅釉陶，这种工艺使交趾陶产品的应用范围受到了限制。在本设计中，设计师尝试研究交趾陶的色彩体系，通过对交趾陶色彩与质感的还原，设计出集凤鸟纹纹饰美感与交趾陶产品观感的文创产品。

2. 交趾陶色彩体系研究

目前，釉料的配色所使用的方法一般分为 3 种：色相配色、色调配色（同一色调配色、类似色调配色、对照色调配色）、明度配色。图 4-1-6 展示了部分常用的釉料色彩，不同釉色搭配呈现出的整体效果不同，因此，为开发出交趾陶观感的文创产品，研究其色彩体系至关重要。

通过对大量的交趾陶产品调研后（见图 4-1-7），不难发现交趾陶产品在色彩表现上具有如下特征。

（1）饱和度高，多见于红、黄、蓝、橙 4 种色彩使用中。

（2）单个产品中色彩丰富，且多为撞色搭配，如红配绿、蓝配橙等。

结合调研结论，设计师对 67 组样本进行色彩提取，整理出了交趾陶产品常见的色彩搭配体系（见图 4-1-8）。

图 4-1-6　部分常用釉料色彩展示

图 4-1-7　交趾陶产品色彩调研

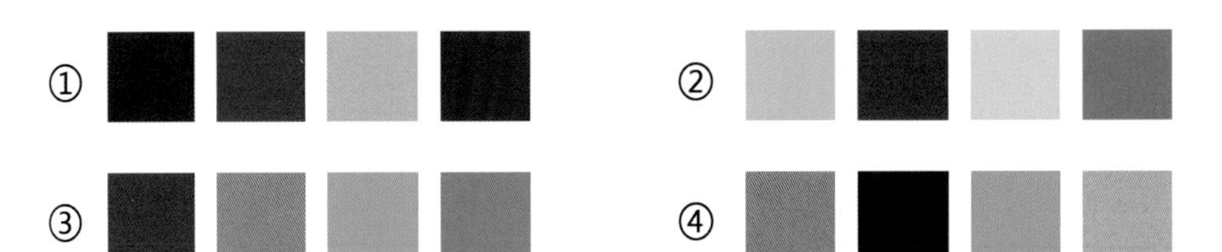

图 4-1-8　整理出的交趾陶产品常见的色彩搭配体系

4.1.3 设计与探索：品茗之道，赏凤鸟之美

1. 设计展开

本设计中整套茶具由茶壶、茶杯与茶盘组成。造型上以“方”与“圆”为设计方向，如图 4-1-9 所示。整套茶具造型均是在直上直下圆柱的基础上，经“加”“减”得出，平视整套茶具可见其“方”，俯视整套茶具可见其“圆”，在线条与轮廓的变化中感悟“方”与“圆”的人生哲学。

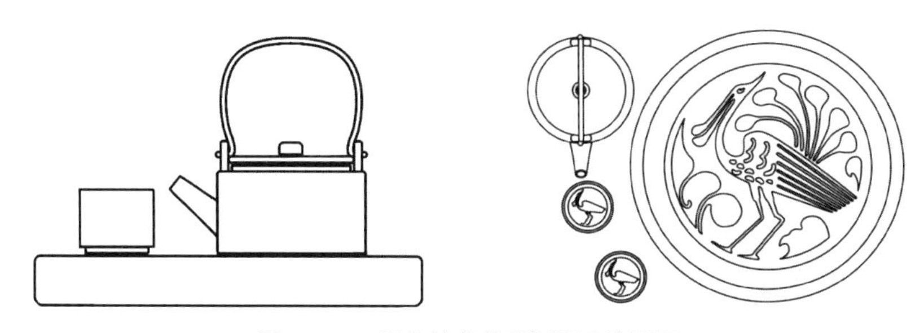

图 4-1-9 凤鸟纹茶具平视图及俯视图

2. 纹饰应用

本设计将经过提炼后的凤鸟纹运用于茶盘设计之中，结合前期研究结论，整套茶具选用明黄色、浅松绿色、橘红色与蓝紫色 4 种色彩。以明黄色为茶盘主色，茶盘内部用浅松绿色陶瓷塑造凤鸟纹造型，做凸出效果，并以玻璃封顶，方便用户欣赏和日常清洁。茶杯和茶壶盖采用蓝紫色，在壶盖的细节处用浅松绿色，在茶壶外壁运用壁塑手法制作凤鸟纹样，并施以橘红色。凤鸟造型的加入使得茶具整体更为灵动。整套茶具的最终效果展示如图 4-1-10 所示。

图 4-1-10 整套茶具的最终效果展示

4.2 鄱阳湖环保主题瓶装水设计

设计作者：赵思行
指导老师：许　迅

4.2.1 饮水与思源：水瓶设计如何与众不同?

设计师带着“饮水思源”的问题对市场上售卖的饮用水（如饮料、纯净水等）的容器展开调研，包含容器的包装、造型、瓶盖的设计，调研结果见表 4-2-1 所示。

表 4-2-1 饮用水容器调研

	材料	评价	说明
包装	PP、PE、PVC 塑料膜	创新颇多	一是瓶外的装饰用商标纸，二是部分高端水的外包装盒（罐）。厂商高度重视此部分设计，使产品包装紧跟时代潮流
造型	塑料、玻璃	创新较多	以“芬达”汽水为例，受成本及品牌影响，厂商一般会在使用很长时间后才会更新容器造型
瓶盖	塑料、铝、马口铁	创新较少	瓶盖设计往往得不到重视，主要以印制品牌 Logo 为主

分析得知，作为最能引起消费者注意的地方——水瓶的造型与包装的设计往往能够得到厂商的重视。一般而言，饮用水商品的容器设计就如品牌的 Logo 一样，顾客仅凭瓶子的造型就可以完成选购。如可乐类型商品，可口可乐与百事可乐在造型上有着较大的差别，顾客通过瓶子的造型就可以判别品牌。

值得注意的是，调研中发现瓶子瓶盖处的设计常常得不到重视。

4.2.2 设计展开：如何展现出设计深度？

该设计课题立项初期就希望能设计出一款引起人们反思的作品，希望通过设计能够引发人们更深入的思考。

纵览鄱阳湖的历史，虽然湖泊及其周围环境发生了诸多改变，但水域面积缩小的这一变化最为突出。唐初近 6000km^2 的鄱阳湖水域面积，在 1976 年的统计时已缩减为 3841km^2。放眼全国，国内很多湖泊都发生了萎缩情况，严重者面临着干涸消失的危险。

选择使用鄱阳湖“面积变化”这一特征，展开饮用水瓶设计。

（1）前期调研得知，瓶盖处的设计往往被忽视，对瓶盖处进行重点设计，希望能给消费者带来眼前一亮的感觉。

（2）瓶盖处描绘了唐初和 1976 年鄱阳湖湖泊造型。由上到下是湖泊面积变化的缩影，镂空的湖泊立于绿色大地之上，露出干涸后的黄色土地，这一设计希望能够引起人们关注湖泊变化。

（3）简约大方的设计宗旨，为瓶身的设计留下的发挥空间并不多。本设计的瓶身采用较为简洁的造型，瓶子标签纸正面仅留有产品标志与部分产品信息，瓶盖处的设计初衷在标签纸背面进行了阐释。

鄱阳湖面积变化

"鄱阳"
Water

鄱阳湖
环保主题瓶装水

尺寸信息

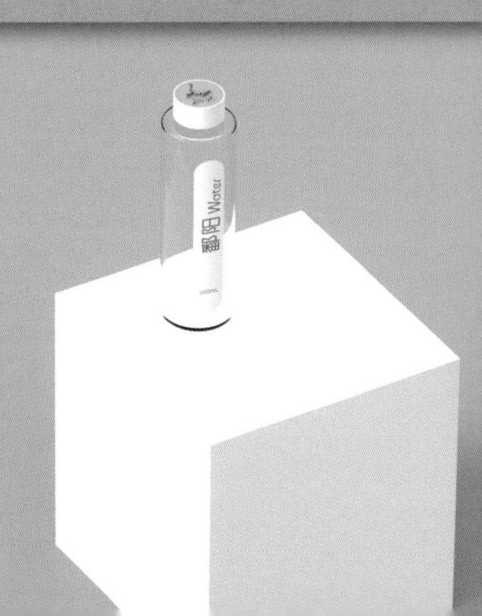

设计说明

鄱阳湖水域面积变化为素材设计的一款饮用水水，通过唐初和 1976 年鄱阳湖水域面积对比，展出鄱阳湖的面积缩小情况。

湖周围绿色的土地"与"干涸后的黄色地面"——过颜色上形成的鲜明对比，以此引起人们关注鄱湖水域面积的变化，起到保护鄱阳湖的目的。

4.3 情感陪护理念下的桌面智能助手设计研究

设计作者：赵思行
指导老师：许　迅

4.3.1 选题背景及意义：具有宠物功能的机器人

1. 选题背景

随着科学技术的不断进步，机器人的形态更加丰富多样。作为众多机器人产品中的一种，以情感陪伴为主要功能的“情感陪护型”机器人应运而生。越来越多的人关注和购买服务型机器人，一个规模庞大的服务型机器人的蓝海市场正在缓慢蔓延。可以预见，未来情感陪护型机器人必将大量涌入人们的生活。

陪护型机器人面对的所有消费群体中，“喜爱宠物的人”这一特殊群体的需求正日益突出。在庞大的宠物经济市场中存在着“职场人士”这一潜在的客户群体——一般情况下，人们在工作时是不方便或不被允许带宠物的。因此，虚拟宠物、电子宠物逐渐流行，这也为具有宠物功能的陪伴型机器人带来巨大的市场空间和广阔的发展前景。

2. 研究意义

（1）有助于丰富办公生活。富有创意或舒适友好的办公环境或产品可以提高员工的工作舒适度、幸福感。在丰富员工办公生活的同时，增加其工作热情。

（2）有助于优化办公体验。具备一定的辅助办公功能，如语音助手功能、提醒事项功能、健康提醒功能等。

（3）有助于开辟陪伴型机器人设计新思路。老人陪护型机器人受限于过高的成本，难以普及。儿童陪伴型机器人虽然在市场上受到了广泛关注和追捧，但其同质化严重。如雨后春笋般发展起来的陪伴机器人行业，需要注入新的能量。

4.3.2 前期调研：市场调研、问卷调研

1. 目标用户

本设计将由桌面智能助手和电子宠物两个主要功能组成，目标用户为职场人士，本设计将针对职场人士设定相关功能。同时，电子宠物功能的加入相信会给一部分电子产品爱好者和大学生群体带来吸引力。

（1）职场人士——白领、上班族。

（2）学生——在校高中生、大学生。

（3）数码产品爱好者——“极客”群体。

2. 市场调研

设计师对市面上在售的机器人产品进行调研发现，现有桌面机器人以儿童早教相关产品居多，缺少针对办公场所的机器人及真正适用于办公环境的桌面型机器人。

3. 重点产品调研

Vector 是来自美国 Anki 公司的一款智能机器人产品（见图 4-3-1）。Vector 机器人介于朋友和宠物之间，它的脑袋可以上下左右转动，前面有一个类似叉车的手臂，有一个几乎完全是屏幕的脑袋。

图 4-3-1　Vector 机器人

作为一款主打陪伴功能的智能机器人产品，配合软件及硬件功能，Vector 机器人具有如下特征。

（1）它会睁开两个“眼睛”环顾四周，开始与你互动。

（2）它可以识别你的脸，当它发现你时，用一个可爱的机器人声音说“你好”。但是和一个真正的宠物一样，如果你不管它，它也会四处游荡并做自己的事情。

（3）有时它会坐在那里看着你，试图让你与他玩耍。

（4）有时它会去玩它的玩具（立方体）。

（5）如果你看它，它会注意到并试图吸引你。

（6）如果它听到声音，它会转过来看看发生了什么。

（7）它可以帮你控制智能家电产品。

4. 使用场所的实地调研

王女士　江苏省徐州市 政府部门工作

她说：　每天需要处理的事情繁多
虽然手机有提醒事项功能
但是一旦忙起来
很少会注意手机的通知
手机上的通知常常不能被注意到
提醒事项功能就失去了意义

她想：　以更好的方式获取手机的通知信息

姚同学　浙江省杭州市 在校大学生

她说：　喜欢一切可爱的事物
从小就想养宠物
但是因为卫生原因父母一直不同意
有没有什么解决办法

她想：　需要一个电子宠物

久世响希 日本大阪市 自由职业者

他说：　想要一个电子宠物
虽然手机有语音助手
可以进行简单的交流
但是局限于手机的形状及尺寸
不够生动

他想：　需要一个电子宠物和一台音箱

……

5. 问卷调研

为了解目标群体对于桌面智能助手的看法，设计师使用了问卷调查法来收集用户意见。通过分析用户意见，用以分析产品可行性，并总结出适合桌面智能助手的模式。在对目标用户群体进行走访询问后，制定了涉及 3 个维度（受访者的自身情况、用户对产品期望和对功能需求）、10 个问题的调查问卷。

截至 2019 年 12 月 2 日，共回收 124 份有效答卷，对部分具有重要参考价值调研结果进行展示如图 4-3-2 所示。

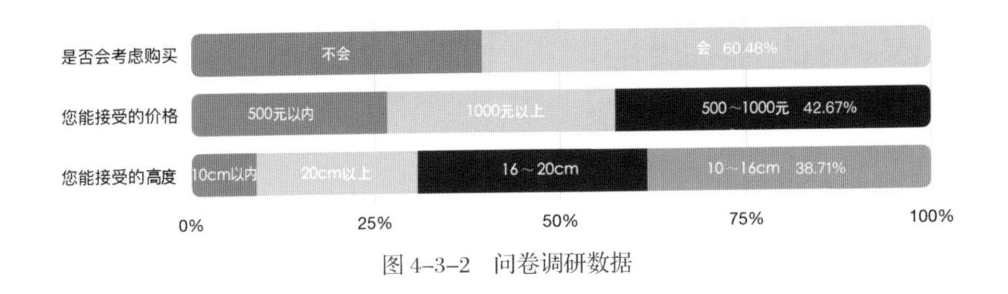

图 4-3-2 问卷调研数据

6. 调研总结

（1）对目标群体进行购买意愿调研。接受问卷调查前并未了解过“陪伴型机器人或电子宠物”的受访者，但经过功能、定义、优点的阐述后，60.48% 的受访者会考虑购买“陪伴型机器人或电子宠物”。可见，本课题具有一定的研究价值。

（2）对有意愿购买的受访者进行接受价格区间调研，用户所能接受的价格将在一定程度上左右着产品功能的繁简。通过调研可知，42.67% 的受访者接受的价格区间为 500～1000 元。由此可见，作为一款陪伴型机器人产品，可以考虑在产品软件上创造更多的产品价值。

（3）对涉及产品设计的重要参数进行调研。38.71% 的受访者接受高度区为 10～16cm，30.65% 的受访者接受高度为 16～20cm。

（4）除此之外，本次调研还获得了一些用户的软件使用需求，这对后续的功能、结构及选材的设计起到一定的参考作用。

4.3.3 设计实践：桌面型智能助手设计

1. 设计草图

如图 4-3-3 所示，桌面型智能助手设计草图历经多次造型推演，最终选择了“海洋”这一关键词展开设计。对海洋元素进行展开，将潜水员元素融入本设计，本方案最终以提炼后的潜水员造型进行表达。桌面型智能助手整体头部可根据指令完成双轴转动，达到头部的抬头、低头、转头等动作。身体下半部分设计成音箱，用于声音播放等所需的音频交互。

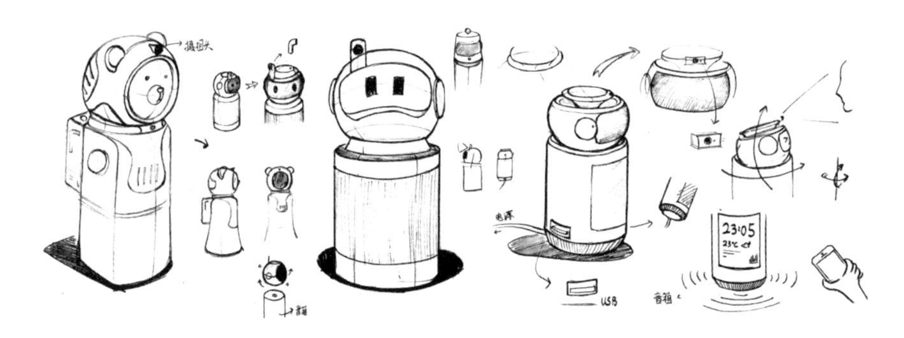

图 4-3-3　桌面型智能助手设计草图

2. 表情设计

本设计所提出的电子宠物功能以显示面板的表情变换为主，通过设计的诸如开心、惊讶、打瞌睡等数款表情的变化（见图 4-3-4），使其如宠物般有自己的“生命”。

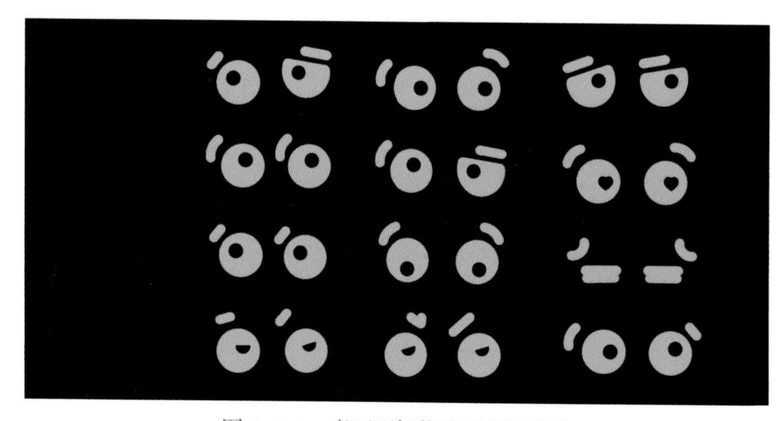

图 4-3-4　桌面型智能助手表情设计

3. 设计展示

本设计采用拟人化的潜水员造型元素（见图 4–3–5），主体结构功能分区由“头盔、身体、氧气瓶”组成，头盔左右分别为音量键和电源键；潜水面罩作为显示屏，面罩上的氧气管置入摄像头；身体内部为音箱；在氧气瓶处置入 USB 接线器功能。本设计将潜水员元素运用得淋漓尽致，集成办公场所实用功能，旨在更好地服务职场人士。

图 4–3–5　桌面型智能助手设计展示

本设计所提出的情感陪护理念，主要体现在语音交互和电子宠物两个方面：语音交互以智能语音助手为主；电子宠物以显示面板的表情变换为主。

4. 使用场景展示

本设计使用场景展示见图 4–3–6。

图 4–3–6　使用场景展示

5. 功能注释及表情示意

（1）连接处：机器人头部与“氧气罐”连接处采用高密度编织材料（见图 4–3–7）。

（2）尺寸说明：根据前期问卷调研，在以功能设计为主导的前提下，将本产品的总体高度设计为 16.7cm。在保证了其内部结构所需的空间之后，以更简洁的设计语言赋予产品更为丰富的人文关怀。

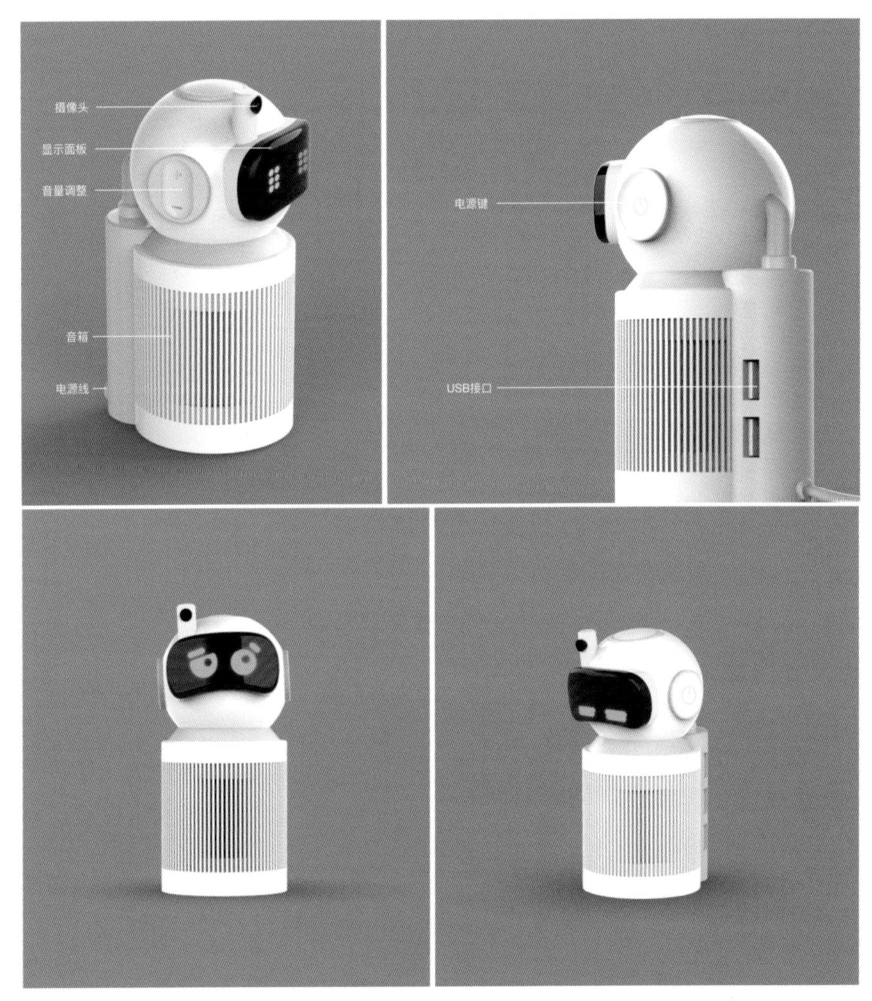

图 4–3–7　桌面型智能助手功能注释

6. app 设计

产品搭配使用的 app 设计展示如图 4–3–8 所示，底部 Dock 栏功能依次设置为提醒、功能、我，分别对应单独分列出的日程通知提醒功能、产品的各方面功能设置、个人信息设置。模块化界面设计，使各项功能一目了然，用透明度的变化区分各项功能开关与否。

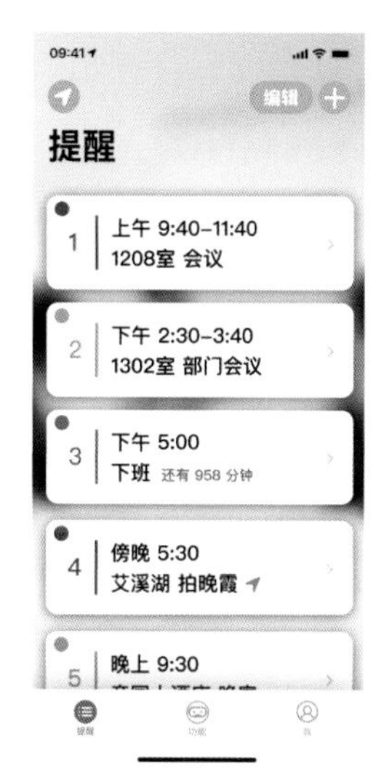

图 4–3–8　app 设计

7. 手板模型打印信息标注

设计师提交计算机建模文件后，首先需要告知模型制作商打印所需的尺寸图，并提供期望的各构件色值及表面处理工艺等详细信息。值得注意的是，为了节约打印成本，在满足功能测试的要求后，设计工作坊的学生时常选择等比例缩小的打印尺寸。在这一案例中，设计师向厂商提供了产品的装配图（见图 4–3–9），并说明：“该产品为一款机器人，由两部分（球型脑袋、底座身子）组成，两部分的装配图需要分开打印。”

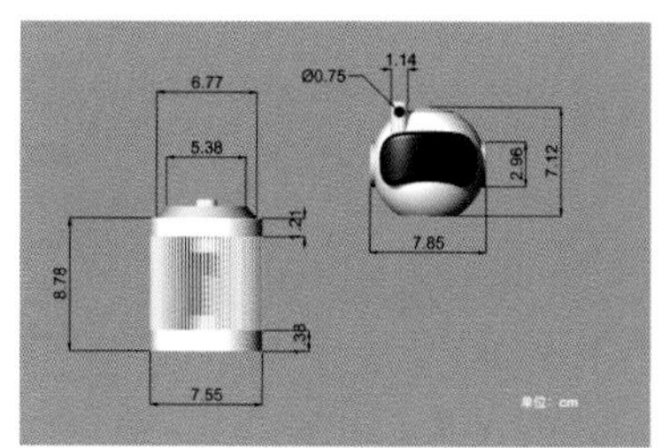

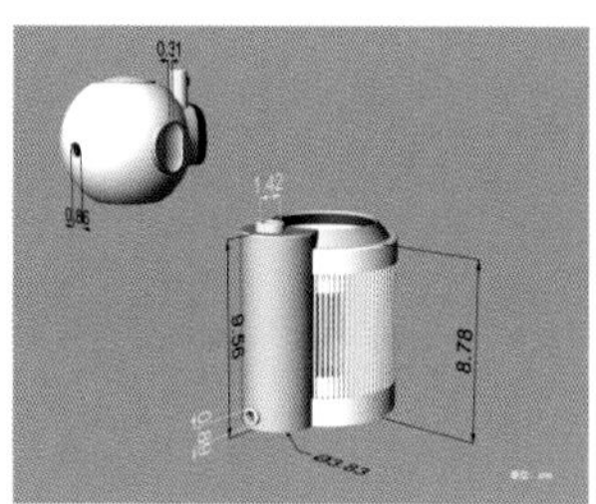

图 4–3–9　产品的装配图

因为产品的色彩精度和各部件直接的契合度要求较高，所以一部分构件需要单独打印、单独上色。如图 4-3-10 所示，设计师对各构件细节所需的色彩及工艺进行了详细的标注。

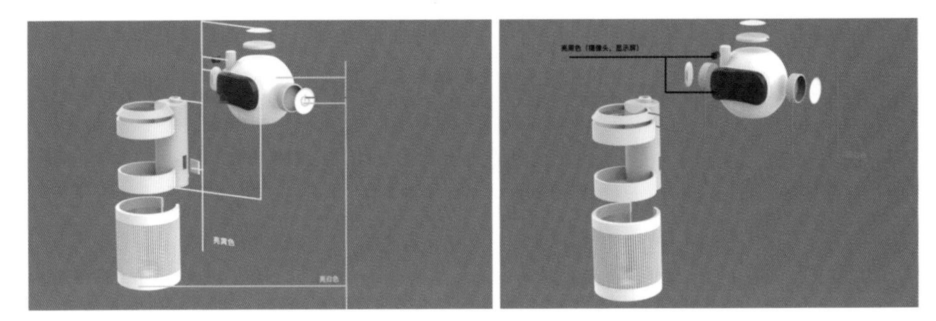

图 4-3-10　各构件细节所需的色彩及工艺标注

8. CNC 手板模型实拍

CNC 手板模型实拍见图 4-3-11。

图 4-3-11　CNC 手板模型实拍

4.4 “COSMOS”奥尔夫儿童音乐玩具设计研究

设计作者：王偌茵
指导老师：许　迅

4.4.1 调研与分析：儿童音乐玩具环境调研

1. 儿童音乐玩具市场调研

图 4-4-1 展示的是一些常见的儿童音乐玩具产品，通过市场调研发现以下情况。

（1）儿童音乐玩具的玩具成分大于乐器成分，往往是在外观上模拟成键盘的发声玩具。即使有一些儿童音乐玩具采用了真正的键盘及其他乐器形式，但若缺乏键盘知识，儿童也只能随便玩。

（2）当前儿童音乐类玩具大致可以分为 3 类：模拟真实乐器玩具、按键发声玩具、桌面游戏玩具结合 app。绝大多数家长会选择前两种乐器给孩子，但是对于缺乏乐器相关知识的孩子而言，儿童音乐玩具仅仅是玩具，并没有“音乐”的成分。

（3）市场上也存有注重音乐素质方面培养的玩具，但占比非常小。

总结：儿童音乐玩具体积大，玩具成分占比大、音乐成分占比小，不具有多样性。

图 4-4-1　常见的儿童音乐玩具产品

2. 儿童音乐玩具(学校课程)调研

学校背景：国际私立幼儿园

音乐课程：奥尔夫音乐课程

音乐资源：孩子们有自己的奥尔夫音乐乐器、学校的奥尔夫音乐教室和各种乐器。

课程简介：奥尔夫音乐教育体系是国际三大音乐教育体系之一，是目前使用较广泛的音乐早教体系。在奥尔夫的音乐课堂中，孩子们有机会进入丰富的艺术世界。孩子们通过整体的艺术活动，结合上鼓、木块、钟等节奏感强的乐器，孩子们学会了音乐结构，以及如何保持同一个节拍；孩子们通过歌唱、游戏、合韵脚、跳舞等活动学会了参与团队工作。学校调研图片见图 4-4-2。

奥尔夫音乐乐器主要可以分为打击类和摇晃类两种。打击类乐器包括小锣镑钹、铝板琴、手铃、三角铁、手鼓、双响桶、响板、小鼓等；摇晃类乐器包括沙蛋、摇铃、摇鼓、铃铛等。

关键词：节奏、即兴、简单、参与、协作、感知、表演性、模拟性

发现：奥尔夫音乐课一直是该学校的重点课程，在毕业典礼、音乐会、新年游园会等大型活动中，孩子们都会表演，除了奥尔夫音乐乐器之外，也会接触其他类似尤克里里之类的小乐器。该学校还为在音乐方面学习能力较强的孩子提供电子琴兴趣班课程。

图 4-4-2 学校调研

3. 儿童音乐玩具（入户）调研

家庭成员：爸爸、妈妈、奶奶、朵朵、空空

年龄年级：朵朵幼儿园大班、空空幼儿园小班

住宅情况：上海市面积较小的高档住宅小区

家庭背景：热门学区房，房价很高且面积比较小。爸爸、妈妈住一个房间，空空和奶奶住一个房间，朵朵有一个非常小的储物室改造房间。

生活方式：70 多平方米的小房，虽然有一些挤，但是一家人很幸福。朵朵有很多爱好，也报了很多课外兴趣班，空空也逐渐开始学习各种知识。因为在幼儿园的奥尔夫音乐课上，朵朵很想学习乐器，可是家里没地方放大件的乐器，她也怕与弟弟起争执。

房间使用：朵朵的房间是一个小小的储物间改造的，只能容纳一张小床和一张写字台。有一个小小的窗台桌，上面放着朵朵最喜欢的会唱歌的录音机玩具（见图 4-4-3）。

家中的音乐玩具：会唱歌、讲故事的录音机玩具，按不同的按钮可以发出不同的声音。玩具体积小巧，可以放在床边，可以拿在手上。弟弟也很喜欢这个玩具，爸爸、妈妈觉得没有必要再买一个，作为姐姐，朵朵只能经常同意弟弟玩录音机玩具。

问题：家庭面积非常小，无法容纳大件玩具乐器。

需求：想要一个音乐玩具，也可以和家里人一起玩，尤其是和弟弟一起分享，这样就不会吵架了。梦想是自己以后能有个大房间，买大件的乐器。但现实是房间真的很小，有个有趣小巧的音乐玩具就好了。

图 4-4-3　入户调研

4. 大人的音乐“玩具”与 MIDI 合成器（采访）调研

人物：HIBIKI（化名）（见图 4-4-4）

年龄：25 岁

居住：独自租房居住

职业：普通上班族

收入水平：平均月收入 5000 元以上

人物背景：HIBIKI 是从小学习音乐的音乐爱好者，设计者对他进行了采访，谈了成长过程中从学习音乐到把音乐发展成爱好的种种。

收获：

通过采访，设计者获取到了关于 MIDI 合成器的相关知识。“MIDI 是编曲界最广泛的音乐标准格式，可称为‘计算机能理解的乐谱’。它用音符的数字控制信号来记录音乐。几乎所有的现代音乐都是用 MIDI 加上音色库来制作合成的。MIDI 传输的不是声音信号，而是音符、控制参数等指令，它指示 MIDI 设备要做什么，怎么做，如演奏哪个音符、多大音量等（见图 4-4-5）。”简单来说，就是用计算机或电子设备模拟乐器。乐器是通过声音震动发声的，比如笛子是吹，吉他是拨弦然后箱体内声音震动，钢琴是敲击发声。而合成器，简单来说，就是给使用者准备好了这种声音，然后操控机器去完成音乐演奏。

图 4-4-4　HIBIKI

图 4-4-5　采访图片

同时，设计者了解到成年人利用业余时间玩音乐和从儿时开始的音乐素质培养有关。在采访中（见图 4-4-5），采访对象也提到了现在音乐学习的弊端，枯燥无聊，父母不陪伴，这些都无法让孩子们体会到学习音乐的快乐。

5. 儿童音乐玩具（问卷）调研

在完成入户调研访谈后，设计者制作了网络问卷，对目标群体进行问卷调查。共回收了 122 份有效问卷，图 4-4-6 为问卷调研结果。

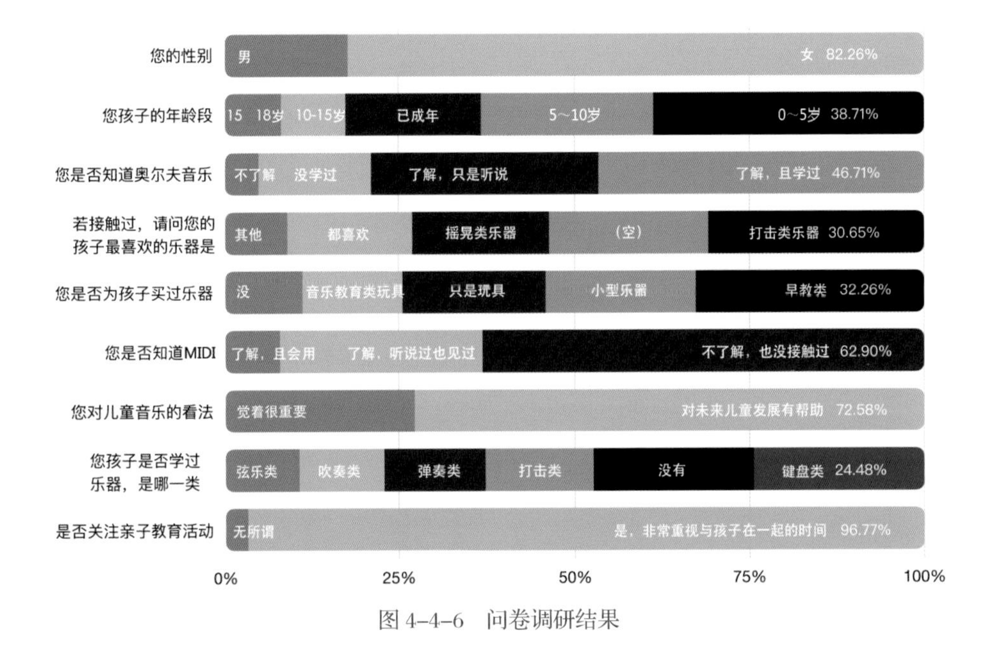

图 4-4-6　问卷调研结果

6. 思维导图

奥尔夫儿童玩具设计思维导图见图 4-4-7。

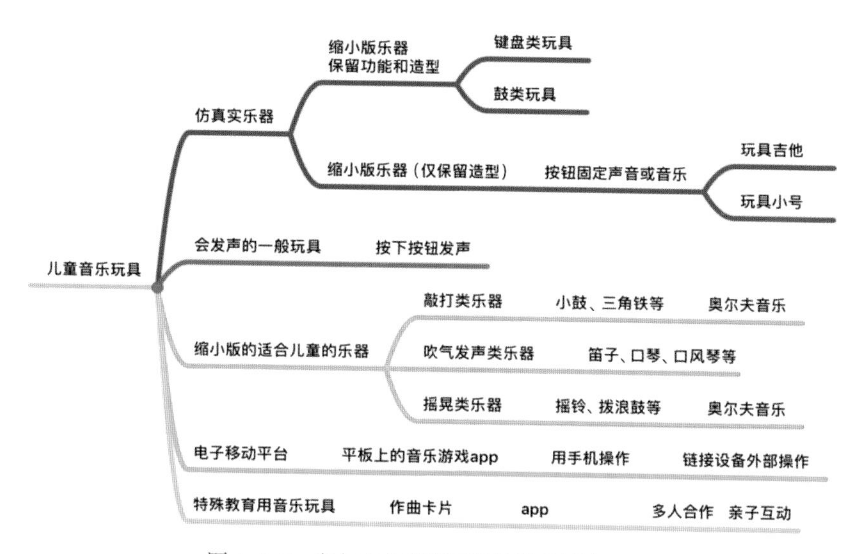

图 4-4-7　奥尔夫儿童音乐玩具设计思维导图

7. 调研总结与设计机会点分析

（1）儿童音乐类玩具可以和奥尔夫音乐相结合。

（2）儿童音乐类玩具应该体积小巧。

（3）家人齐乐：儿童音乐类玩具需要可以分享。

（4）儿童音乐玩具可以结合操作 MIDI 打击垫与配套 app。

（5）儿童音乐类玩具需要亲子互动环节。

（6）儿童音乐类玩具需要关注摇动和敲打功能。

（7）儿童音乐类玩具需要让音乐的展示具有多样性。

4.4.2 设计过程：奥尔夫儿童音乐玩具设计

1. 手绘草图

设计方案一：音乐手提箱造型设计。在该设计中，手提箱箱体内是一个 MIDI 操控界面，并附有一个话筒。

设计方案二：对讲机造型设计。该设计集成了音箱与话筒功能，按下不同的按键可以发出不同声音，侧边为摇动手柄，摇动可以发声。

设计方案三：改良式儿童音乐 MIDI 键盘。该设计是缩小的简易版 MIDI，手柄和主机可分离为两部分，键盘在功能上只保留最基础的按键、打击垫和体感鼓。

多方案草图绘制见图 4-4-8。

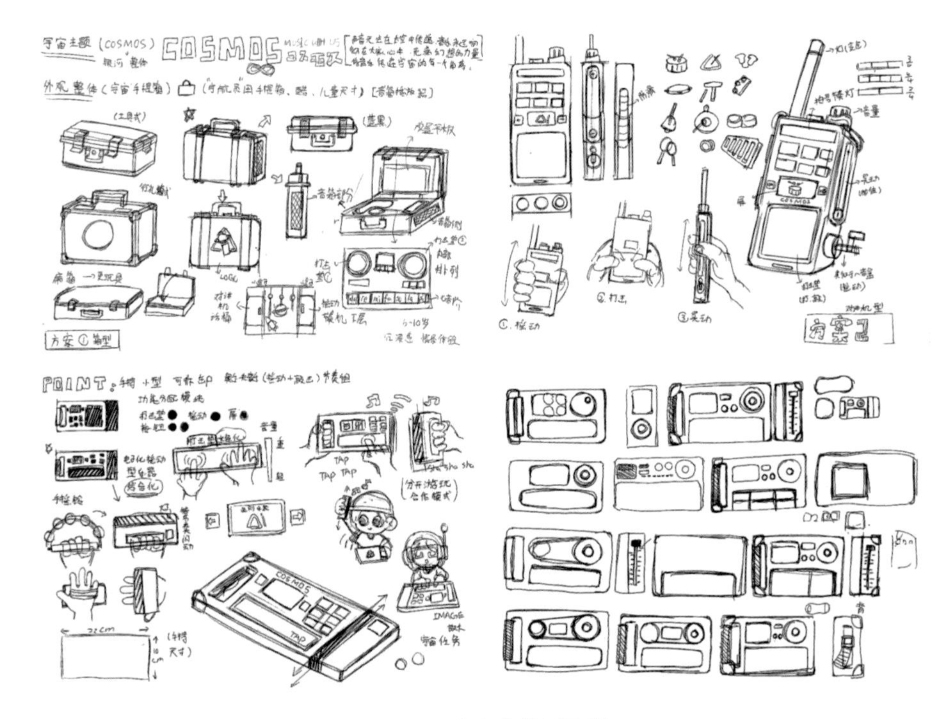

图 4-4-8　多方案草图绘制

COSMAS
TRAVEL IN MUSIC
儿童音乐玩具

2. 方案确定及产品效果图

最终设计方案选择了设计方案三，产品效果图如图 4-4-9 所示，该设计采用“1+1”的模块化 MIDI 形式，命名为“COSMOS 儿童音乐玩具”。本设计在有主机运行的情况下，连接不同的乐器模块以实现不同音乐效果的演奏，经蓝牙连接，通过各模块间的触点为各模块充电。儿童可以对 MIDI 模块进行自由组装，锻炼儿童的动手能力。模块化的设计在蓝牙的帮助下使其能够进行更大范围的分享，全家人可以一起演奏。摇动手柄可以通过不同的方法固定在身体的不同部位上，将奥尔夫音乐的表演性融入产品中，不仅是动手，也可以是跳跃、摇晃、舞蹈，使用者可以通过不同的方式使其发出声音。

图 4-4-9　产品效果图

3. 模块设计详解

模块设计详解见图 4-4-10。

除了最基础的5种部件外，COSMOS 也有更多不同的其他部件，如可供选择的调音台、高级键盘、空气吉他等可以模拟更多乐器，以丰富使用范围。

图 4-4-10　模块设计详解

4. 尺寸标注

尺寸标注见图 4-4-11。

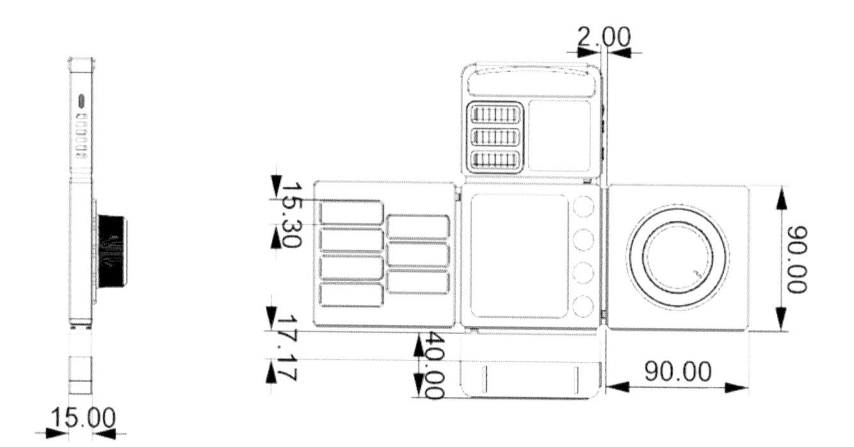

图 4-4-11　尺寸标注（单位：mm）

5. 操作示意

模块操作示意见图 4-4-12。

（1）按下开机按钮，即可启动主机。

（2）将需要使用的模块与主机连接，即可启动对应的模块。

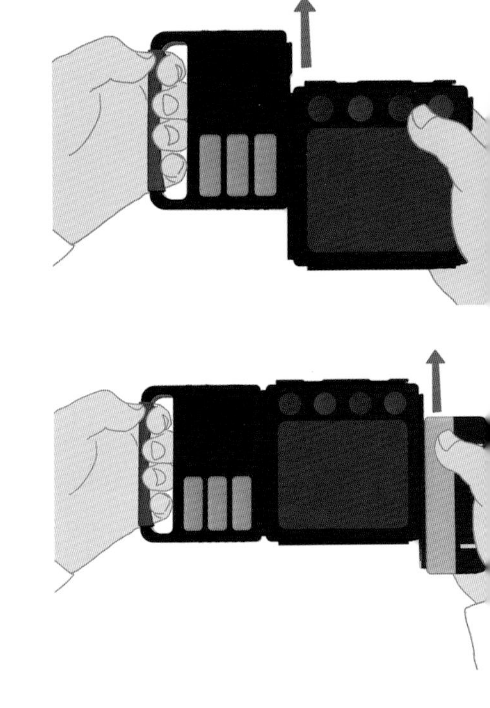

（3）可借助本设计的无线模式，当模块拆下后，本设计将开启蓝牙连接模式，可将各模块与朋友分享一同操作。

（4）可以在小屏幕上选择游玩模式与乐器。

（5）可以连接手机 app 获取更多操作方式。

图 4-4-12　模块操作示意图

6. 玩具系统示意图

玩具系统示意图见图 4-4-13。

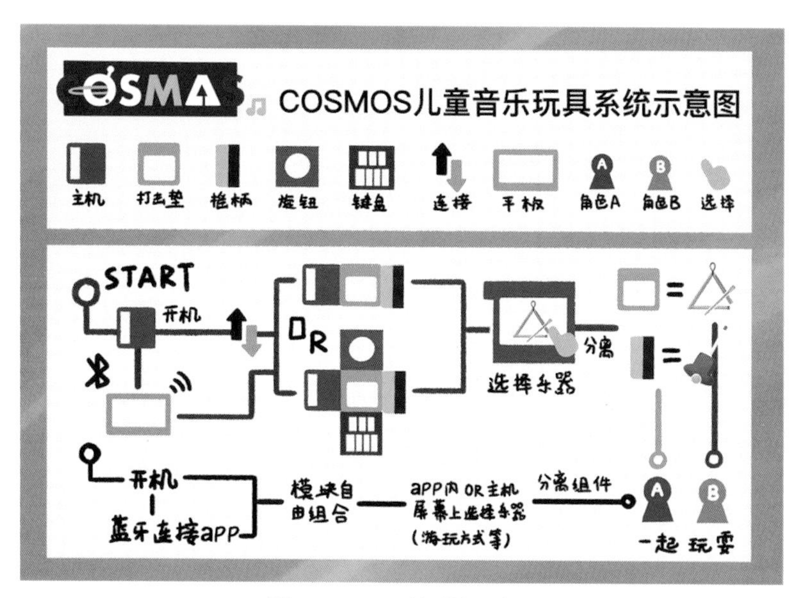

图 4-4-13 玩具系统示意图

7. 产品使用场景故事板

产品使用场景故事板见图 4-4-14。

图 4-4-14 产品使用场景故事板

4.5 互联网时代下宠物殡葬用品研究

设计作者：殷欣茹
指导老师：许　迅

4.5.1 选题背景：它们不在了怎么办?

国内养宠人数庞大，近些年宠物相关行业发展较迅速。“饲养员”数量的增多促使宠物殡葬行业的兴起，目前国内宠物殡葬系统还不健全，该行业还是一个盲区，涉及各个方面的管理问题。于情而言，更好地处理宠物身后事对于宠物主人来说是一种感情寄托。相较于传统土葬的处理方法及制作标本或者钻石制作的方法，火化处理的方法最为简单，所需费用也能使大多数用户接受。

4.5.2 现状与发展：宠物殡葬产品及环境调研

1. 宠物殡葬用品市场调研

（1）国内市场：如图 4-5-1 所示，宠物殡葬用品种类单一，产品缺乏设计感，可供选择的产品较少。

（2）国外市场：宠物殡葬行业发展较快，有众多相关产品可供用户选择，如动物商店、动物旅舍、动物滞留处、动物骨灰堂和动物火葬场等。

（3）从当前的社会环境和宠物主人们的爱心情况看，宠物的殡葬行业在中国拥有很大的发展空间。

图 4-5-1 宠物殡葬用品市场调研

2. 宠物饲养环境调研

（1）社区内饲养宠物的家庭数量较多，且宠物的生活条件较高，宠物的衣、食、住、行方面十分的精致，宠物的社区管理方面也较为完善、有条理。

（2）从宠物店实地调查可以看出，宠物时常会有疾病发生，而宠物医疗资源也很充足，医疗条件较好。

可见，如今饲养宠物的消费者十分重视宠物，并且有经济能力为宠物消费。

3. 宠物殡葬用品问卷调研

在社区调研之后，为了使调研结果更加的具体准确，设计者展开了关于宠物殡葬方面问题的相关问卷调研。采取网上填写问卷的方法，收集和分析来自全国各地用户的想法和建议。此次问卷调研共回收 80 份有效问卷，每份问卷有 15 道题。

在回收问卷后，设计者对数据进行整理归纳，如图 4–5–2 和图 4–5–3 所示。

问题一：在经济范围内您选择对宠物遗体的处理方式是什么（多选）？

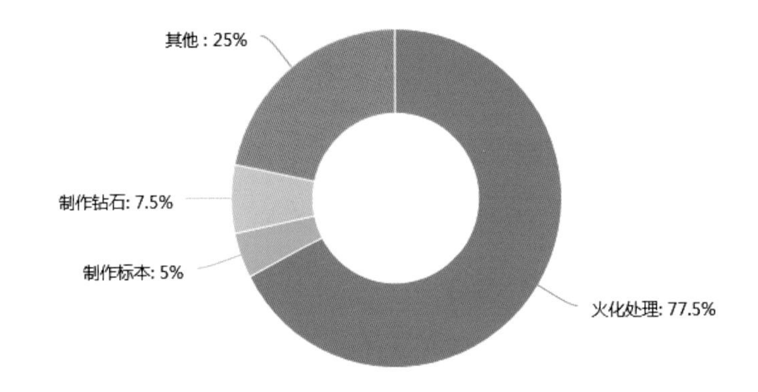

图 4–5–2　问卷数据分析一

问题二：您对宠物骨灰盒设计有什么建议？

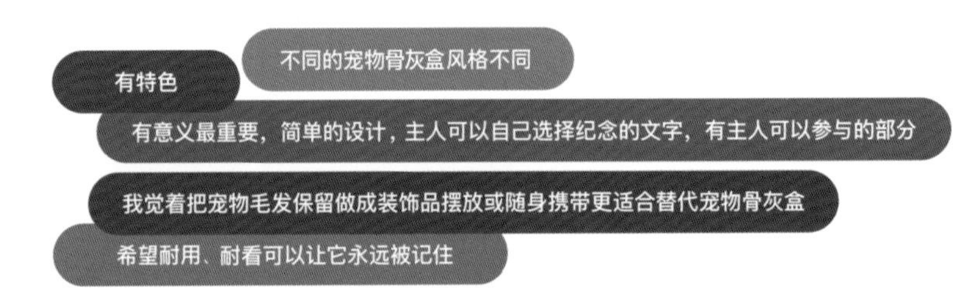

图 4–5–3　问卷数据分析二

根据问卷调研得到的结果如下。

（1）越来越多的人愿意饲养宠物。

（2）许多人了解并且选择宠物遗体火化处理这种方式。

（3）用户希望宠物殡葬用品能够表达感情。

（4）用户希望产品能够更加独特，富有设计感。

4.5.3 设计展开：宠物殡葬用品设计研究

1. 产品造型研究

方案一：星球造型概念，寓意着离世的宠物是去往了属于它们的星球。

方案二：云朵造型概念，寓意着宠物去往了天国，金属材质让产品更有高级感。

方案三：在云朵造型的基础上增加了宠物造型的设计，更具设计感及独特性。

方案四：以宠物的睡姿为造型，表达宠物的离去并非死亡，而是简单的睡着了。

4 款方案的设计草图如图 4-5-4 所示，经推敲后，设计者决定采用方案三作为最终方案，随后展开产品模型设计与细节设计。

图 4-5-4　4 款方案的设计草图

2. 产品模型设计

方案一：如图 4-5-5 所示，该方案以云朵为主体造型展开三维模型设计，采用目前家庭生活中饲养最多的 4 类宠物作为设计对象。以几何块面来塑造宠物造型，让产品整体更具有现代感。

图 4-5-5　方案一：建模图

方案二：如图 4-5-6 所示，保持云朵主体造型不变，使用更写实的宠物造型。以宠物品种作为划分，丰富产品造型，让用户有更多的选择。

图 4-5-6　方案二：建模图

3. 产品设计说明

结合前期调研数据，方案二的产品设计定位更符合用户的设计需求，设计人员采用方案二展开最终设计。

如图 4-5-7 所示，该设计应用磁悬浮原理，使本设计有别于现有产品。该设计具有多款造型与宠物形象设计，用户可根据宠物种类，选择对应的产品，在提供人性化服务的同时，更好地满足市场与用户需求。

在材质上，底座采用原木，云朵部分为可降解塑料；在色彩上，白色的云朵与原木底座形成撞色，符合现代家具设计风格。

图 4-5-7　产品渲染图

4. 配套 app 设计展示

app 作为辅助产品，帮助产品使用者更好地与产品产生情感联系，蓝牙连接产品后进入 app 客户端可以选择照片上传记录过去与宠物的情感记忆，让设计更有温度。分享的功能可以让更多的宠物主了解使用者与宠物的故事。为了更好地体现本课题中设计与人文情怀相结合的初衷，进行与产品搭配使用的 app 设计，以便建立用户之间的交流渠道。利用互联网让用户在获得更方便、更体贴的体验的同时，也增添了产品的多样性，让产品更有内涵。

如图 4-5-8 所示，该设计的配套 app 界面设计简洁，与宠物骨灰盒的设计风格一致，让用户可以随时随地系统化地浏览与宠物生前的美好时光与记忆。

图 4-5-8　配套 app 设计展示

app 整体页面色调选用蓝色和白色，给人以简单温馨的感觉，从而慰藉宠物离世带给宠物主的痛苦。在 app 中用户根据宠物信息进行相关设置，可以上传宠物故事。该 app 与宠物骨灰盒设计相结合，能够增加用户间的交流，给用户一种宠物在身边的感受。将产品设计与互联网相结合，顺应时代发展的潮流。

5. 用户场景故事板

图 4-5-9 讲述了这样一个故事：与主人朝夕相处的狗狗年迈过世，它的离去让主人悲痛万分，但主人没有选择掩埋处理，而是选择了科学环保的火化处理。火化处理后的宠物骨灰被主人放置于本设计产品之内，打破传统的宠物殡葬用品设计风格，使其不会与家居装修格格不入。每当想念狗狗时，主人就查看 app 中记录的与宠物的回忆，用以怀念去世的狗狗。

图 4-5-9　用户场景故事板

4.6 呼吸敏感人群适用的加湿器改良设计研究

设计作者：王韶恒
指导老师：许　迅

4.6.1 基础研究：呼吸敏感人群的加湿新概念

对于呼吸敏感人群来说，吸入一点点灰尘或花粉都会造成剧烈的咳嗽。在使用加湿器时，由于普通加湿器无净化装置，出雾颗粒又较大，所以在对室内进行加湿时，大颗粒水雾会粘连空气中的粉尘，吸入后会造成呼吸敏感人群较差的使用体验。尤其对于儿童或老人来说，在封闭的空间内长时间使用加湿器，可能会造成比较严重的后果。

1. 研究思路

研究思路见图 4-6-1。

人群：敏感人群（人群特征、消费观念、行为习惯）。

物品：日常使用（使用频率、使用特点、潜在痛点）。

环境：社会背景（环境因素、地域因素、经济因素）。

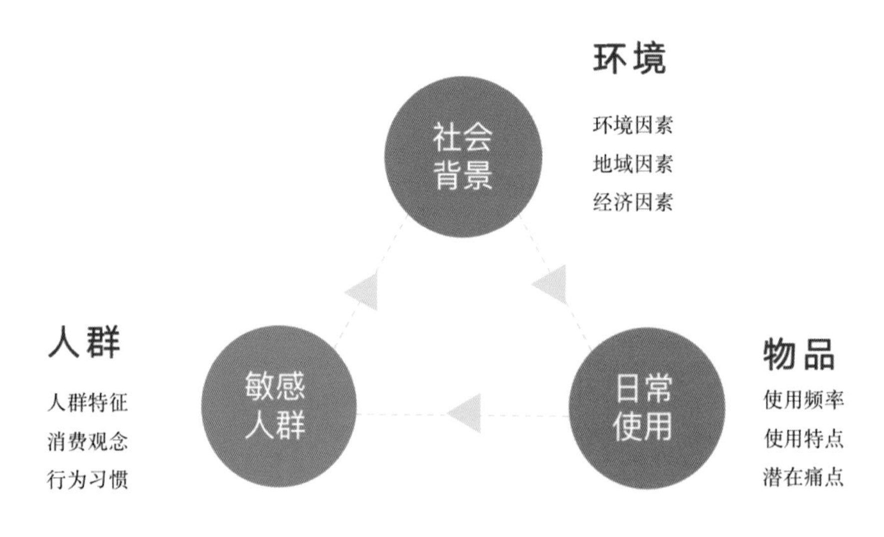

图 4-6-1　研究思路

接下来，设计者根据“城市”“人群”“空间”和“加湿”展开头脑风暴，产生与其相关的关键词，从而探索用户的核心需求。

城市

City

关键词：快节奏、空气污染

人群

People

关键词：个性化、敏感人群

空间

Space

关键词：较小、较为封闭

加湿

Humidification

关键词：方便性、实用性

2. 使用调研

对于设计的基础调研来说，实地考察与走访调研是有必要的。这一环节可以深入了解用户对目前所使用产品的直观感受，从中分析利弊，提升自己对用户痛点的把握，寻找更多的设计机会点。

使用调研主要调查加湿器在日常使用中存在的问题。通过调查发现：用户使用的加湿器基本能满足使用需求，但也有不足的地方，如稳定性较差、加水方式烦琐、存在安全隐患等问题，这些问题及可能的解决方案被记录在册，整理后的加湿器产品使用调研见表 4-6-1 所示。

表 4-6-1 加湿器产品使用调研

	存在的现象	发现的问题	可能的解决方案
加水	上加水方式，但要打开两层盖子才能加水	加水方式较为烦琐	在加水结构上进行优化，使加水方便
净化	无净化装置和分离装置	长时间使用可能会导致身体不适	加入净化装置
安全	下半部分没有上面大，而且水箱在上方	装满水的情况下易被碰倒发生危险	改变整体造型，使其稳定
卫生	加水后，注水口或接口处有水残留	长时间使用易堆积水垢	减少接口，偏向一体化设计

通过对不同用户的实地调研分析，本次加湿器的设计方向已经有了初步方案，但为了追求更全面的用户调研，遂在下一步采取问卷调查法。通过网络问卷的形式，使调研人群更广泛、调研更加深入，更有利于后续的设计开展。

3. 问卷调研

在加湿器改良设计的问卷调研过程中，进行了以下约束，从而使问卷结果尽可能地客观。

（1）把研究目标转化为特定的问题。例如，喜欢哪种类型的加湿器？渴望加湿器有什么功能？您认为目前的加湿器哪些地方还需改进？……

（2）使问题和答案范围标准化，让每个人面临同样的问题环境。

通过“问卷星”平台进行的网络问卷，于2019年11月15日回收有效问卷124份，经数据整理和分析后，提取了部分较为重要的指标（见图4-6-2）。

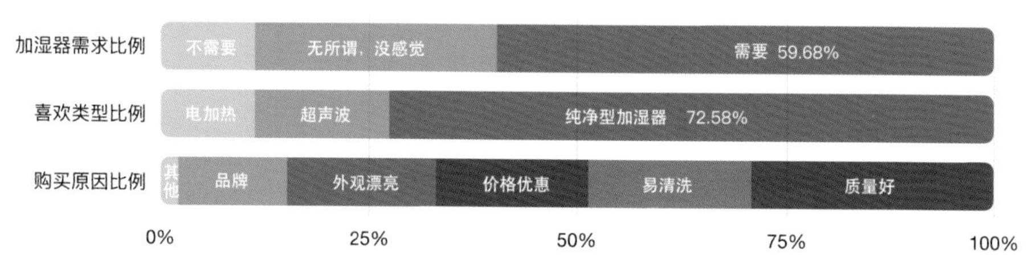

图4-6-2 部分问卷问题及答卷展示

4. 发现

（1）简便的加水方式深受人们喜爱。

（2）小巧精致与简单实用是用户在购买时考虑较多的因素。

（3）水垢与卫生问题是用户重点关注的内容。

（4）超九成用户希望具有净化功能。

（5）用户并不喜欢过多的拆卸步骤。

（6）部分加湿器水雾颗粒过大，影响用户体验。

4.6.2 设计展开：加湿器改良设计研究

1. 产品草图绘制

产品草图绘制见图 4-6-3。

图 4-6-3 产品草图绘制

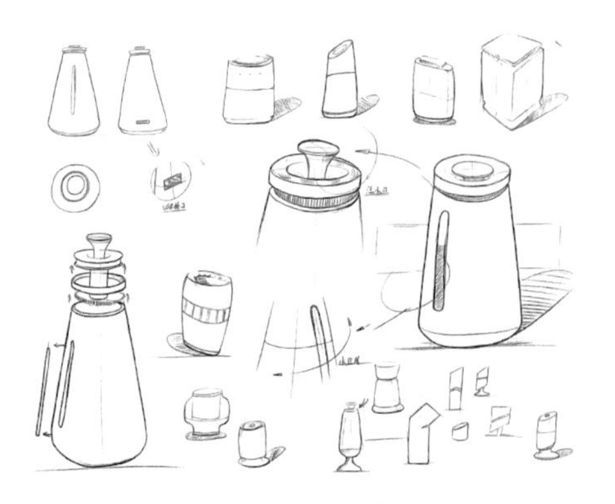

图 4-6-4 最终方案草图

2. 方案确定

如图 4-6-4 所示，本设计最终方案采用一体化设计，整体形态上窄下宽。采用顶部加水的方式，加水方便快捷。机身顶部为触控面板，机身侧面有透明视窗。顶部的注水口（出汽口）为坡面设计，可达到不留余渍的目的。

3. 设计说明

最终的设计造型采用了上窄下宽的形态，使其更具稳定性；色彩运用了皓月白与暮云灰的搭配，产品外观看起来干净典雅；材料使用了ABS塑料与304不锈钢材质，性能稳定，安全环保。此加湿器设计旨在关注敏感人群健康，探索产品设计的可持续发展，不断提升设计的实用性与设计品质。

4. 加湿器工作流程

（1）顶部注水。

（2）用户通过加湿器顶部的触控显示屏对加湿器进行各项设置与操作。

（3）加湿器开始工作。

（4）内部曲状结构，使小颗粒水珠可顺利排出，大水珠则冷凝在侧壁上，掉落回收后，再转换成小颗粒水雾进行循环出雾。加湿器工作流程示意图如图4-6-5所示。

图4-6-5　加湿器工作流程示意图

5. 产品场景展示

产品场景展示见图 4-6-6。

图 4-6-6　产品场景展示

6. CNC 手板模型实拍

如图 4-6-7 和图 4-6-8 所示，设计师为各构件标注了准确尺寸、RGB 和 CMYK 色值、原料材质、表面抛光处理工艺和需要丝印的图案等。

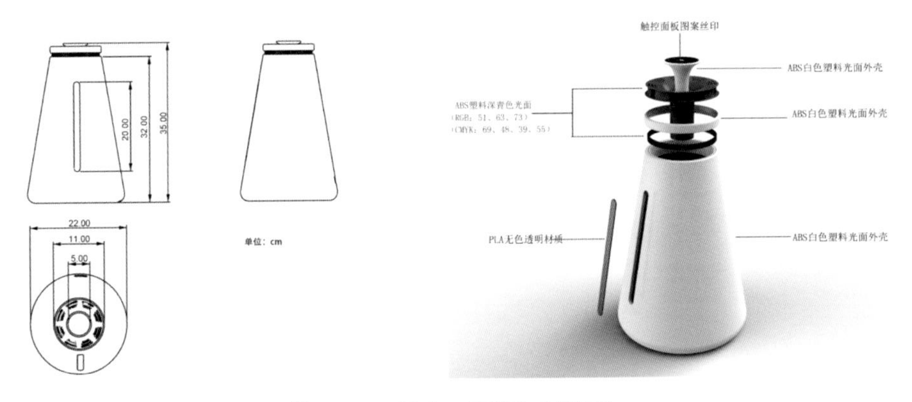

图 4-6-7　尺寸、色彩及工艺标注

图 4-6-8　手板模型实拍

4.7 烤箱隐藏式门把手设计

东华理工大学海尔创客实验室项目展示

设计作者：陈国强　赵思行

指导老师：许　迅

4.7.1 基础研究：烤箱门把手调研

“烤箱隐藏式门把手设计”项目来自海尔集团“开放合作平台”与东华理工大学艺术学院的校企合作平台。该设计主要是解决家用烤箱门把手翻转式隐藏解决方案，项目摘要和项目需求示意图见表 4-7-1 和图 4-7-1 所示。

表 4-7-1 项目摘要

项目名称	项目要求	需求及参数
寻找烤箱门把手翻转式隐藏解决方案	烤箱门的把手外露，可能引起生活中不必要的刮碰，将把手做成翻转式隐藏起来，能得到更好的用户体验	烤箱翻转门把手使用场景： ① 使用者抠住把手下沿将把手拉出； ② 使用者用手抠住把手内侧将把手向外翻转 40°； ③ 使用者向外拉动把手将烤箱门体打开。 设计要求： 实现把手内置，能够完成正常开门，且具有良好的用户体验。 设计参数： ① 把手“向外翻转 40°”； ② 翻转把手最大作用力“60N”； ③ 翻转把手工作环境最高温度为“40℃”； ④ 翻转把手使用寿命“5 万次循环”

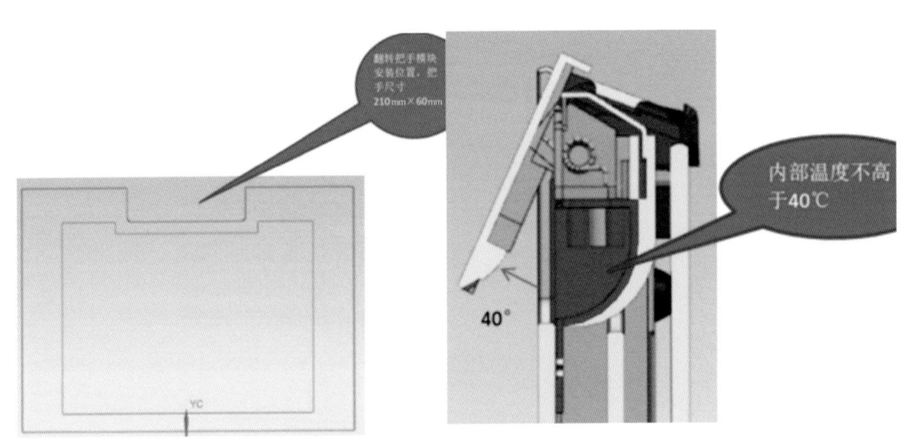

图 4-7-1 项目需求示意图

如今，烤箱已成为许多家庭不可或缺的厨电之一，随着烤箱产品的发展，人们对烤箱的要求也正在逐步提高。从项目摘要到项目参数，不难发现该项目对产品设计工作坊学生的设计能力及理工知识应用要求较高，项目组成员不仅要对烤箱有足够的了解与认知，更要具有一定的想象力与创造力。为使本次改良设计活动有序且顺利地开展，参与设计的学生首先对烤箱门把手展开市场调研，以获得对设计产品的初步认识，为后续的改良设计打下基础。

1. 烤箱门把手调研

材质：不锈钢、锌合金、塑料。

工艺：一体成型（光滑）、表面拉丝、表面磨砂。

颜色：金属色（银色、金色）、黑色。

位置：烤箱门上沿。

突出问题：如图 4-7-2 所示，常见的烤箱门把手均为向外突出的设计，这种设计不仅占用位置大、不美观，而且存在安全隐患。

图 4-7-2　常见的烤箱门把手样式

2. 竞品分析

竞品分析见表 4-7-2。

表 4-7-2　竞品分析

品牌	Panasonic/ 松下	SIEMENS/ 西门子	Bosch/ 博世	Midea/ 美的
型号	NN-CS89HS	HB84K552W	HBG33B560W	MT12KA-AS
容量	32L	42L	67L	65L
款式	嵌入式	嵌入式	嵌入式	嵌入式
门尺寸	365mm × 595mm	361mm × 549mm	465mm × 595mm	475mm × 595mm
门把手设计	外置、亚光拉丝金属	外置、拉丝金属	外置、磨砂金属	外置、拉丝金属
控温方式	上下管统一控温	上下管独立控温	上下管统一控温	上下管统一控温
特点	红外温控 双动力烹饪 自清洁	不锈钢机身 童锁功能 造型时尚	易清洁涂层 内置冷却风扇 玻璃触摸控制	超大容量 防烫把手
销售价格	11880 元	10807 元	10240 元	9197 元

3. 材料属性分析

材料属性分析见表 4-7-3。

表 4-7-3　材料属性分析

材料名称	特点	耐温	价格	用途
聚丙烯（PP）	通用塑料中，PP 的耐热性最好，其热变形温度为 80～100℃，能在沸水中煮。PP 有良好的耐应力开裂性，有很高的弯曲疲劳寿命。PP 的综合性能优于 PE 料。PP 产品质轻、韧性好、耐化学性好	100℃	8600 元 / 吨	外壳 / 把手材料
锌合金	锌合金是以锌为基加入其他元素组成的合金。常加的合金元素有铝、铜、镁、镉、铅、钛等低温锌合金。锌合金熔点低，流动性好，易熔焊，钎焊和塑性加工，在大气中耐腐蚀。熔融法制备，压铸或压力加工成材。按制造工艺可分为铸造锌合金和变形锌合金	220℃	25000 元 / 吨	把手材料
304 不锈钢	304 不锈钢抗腐蚀性能比 201 不锈钢强，韧性强。304 不锈钢安全，属于食用级别材质，广泛应用于工业和家具装饰行业和食品医疗行业	800℃	21800 元 / 吨	把手材料
石棉	石棉具有高度耐火性、电绝缘性和绝热性，是重要的防火、绝缘和保温材料，主要用于机械传动、制动及保温、防火、隔热、防腐、隔音、绝缘等方面。石棉的导电性能也很低	1260℃	8000 元 / 吨	填充隔热材料

4.7.2 设计展示

1.“全面屏”隐藏式单轴门把手设计方案

方案简介：大拇指按压门把手上部，隐藏式门把手下部自动上翘，此时只需四指握住门把手下部，即可轻松拉开烤箱门（见图 4-7-3）。一体化设计，符合现阶段流行的无开孔“全面屏”设计理念。

结构原理：门把手背部三分之二处设立横向转轴，当拇指按压转轴上部分时，转轴下部分便会向外翘出，这时用户只需另外四指握住转轴翘出部分，外拉烤箱门即可轻松打开。

图 4-7-3 “全面屏”隐藏式单轴门把手设计方案

2. 单轴滑动式门把手设计方案

方案简介：与“全面屏”隐藏式单轴门把手操作方法大致相同，大拇指按压门把手上半部分，此时门把手下半部分翘出，为了获得更大的握持空间，设计团队将门把手设计为可下拉设计，握住下拉后的门把手即可轻松打开烤箱门（见图 4-7-4）。

结构原理：通过横轴与预置滑动空间，设计团队为门把手设计了可上下调节的高度，可调节空间内置弹簧结构，门把手在闲置时可自动归位。在拥有了可调节的高度后，用户可轻松获得更大的握持面积。

图 4-7-4　单轴滑动式门把手设计方案

3. 双轴双开式门把手设计方案

方案简介：门把手设计为上下两部分，轻触门把手下半部分便会向内部收缩，此时上部分将往外翘出，只需握住翘出部分，即可轻松开启烤箱门（见图 4-7-5）。

结构原理：门把手上半部分——在把手顶端设立横向转轴；门把手下半部分——在底端设立横向转轴。

图 4-7-5　双轴双开式门把手设计方案

4. 门把手内部温度问题的解决方案

由于门把手采用内嵌式设计，所以门把手内部空间的温度问题引起了设计团队的重视。综合考虑各种材质，最终设计团队认为使用石棉填充是一个不错的解决方案。

石棉材质质优价廉，拥有绝佳的隔热性能。将石棉材质压缩填充至门把手背部与四周所对应的烤箱门体空间，即可很好地解决门把手内部温度高的问题。

该设计方案进入了海尔开放合作平台的最终项目招标阶段，最后的设计成果汇报做了许多的补充与完善。因为涉及商业机密，故此处无法全部展示。

4.8 智能马桶创新设计

东华理工大学海尔创客实验室项目展示

小组成员：陈国强　郭　毅　龚　露　徐敏杰
许开兰　资梦瑶　赵思行
指导老师：许　迅

4.8.1 发现与完善：智能马桶设计创新

该案例是海尔创客实验室与东华理工大学艺术学院的校企合作项目——海尔卫玺智能马桶的创新设计。设计方向是给予儿童和老人更多的关爱和尊重，以及男女性别差异化的设计，探究智能马桶如何为人们提供更舒适、更便捷的智能如厕体验。

消费者年龄与需求的差异化使其对现有智能马桶产品的看法不尽相同。项目前期，通过市场调研，参与设计的同学分析现有马桶产品的优劣性，并从不同角度分析用户痛点及其潜在需求，发现以下不足，见图 4-8-1。

（1）老人在使用过程中蹲起困难，久坐则腿麻。

（2）儿童在使用过程中脚无法接触到地面。

（3）男性使用过程中尿液易溅出。

图 4-8-1　创客实验室成员分组讨论

小组同学针对老人和儿童用户使用过程中出现的问题，提出在智能马桶底部添加可升降的脚踏板的解决方法，该方法可为老人和儿童的脚部提供稳定支撑，缓解腿部的压力，以减少腿麻情况的出现次数。通过腿部的提高，在一定程度上可以帮助缓解便秘。同时，提出改变水箱位置的方案，改变水箱的位置可以为用户手臂提供支撑力，方便老人用户蹲起，减少腿部和臀部的压力。在顶部配有可以打开的空间，方便用户放置所需物品。

如图 4-8-2 所示，在小组讨论后，小组成员绘制了产品设计草图。

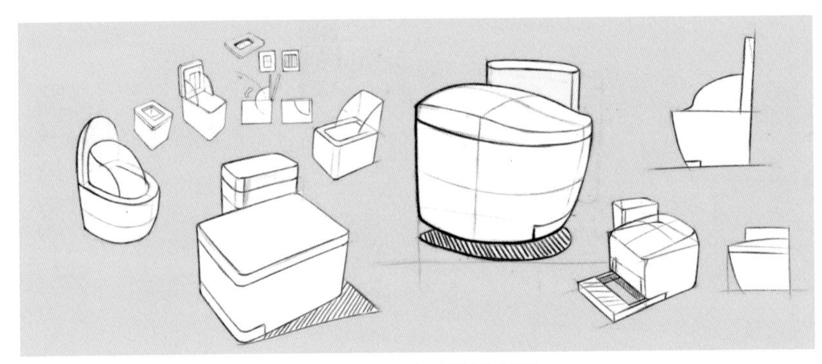

图 4–8–2　产品设计草图

4.8.2　方案展示

1. 方案一：侧方水箱马桶设计

根据人们的使用习惯，设计出方便用户使用的侧方水箱马桶，侧方水箱马桶设计如图 4–8–3 所示。

图 4–8–3　侧方水箱马桶设计

2. 方案二：防溅马桶设计

该马桶设计内置一块可伸缩弧形板，男性用户使用时轻踢马桶下方的感应装置即可启动内置弧形板，以防止尿液外溅。由于受到功能、结构、实用性等多方面因素限制，该方案仅作为概念设计，防溅马桶设计如图 4–8–4 所示。

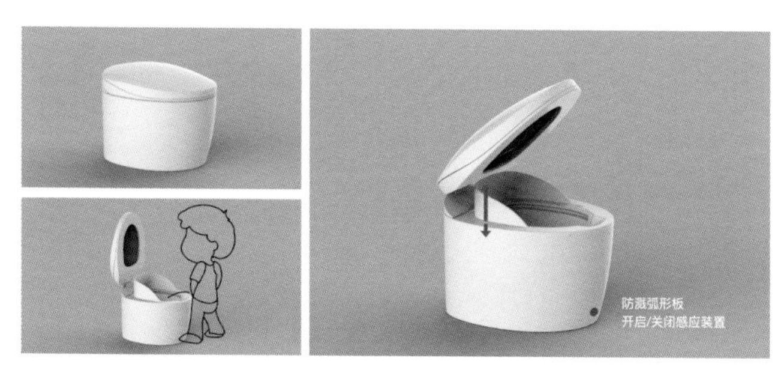

图 4-8-4 防溅马桶设计

3. 方案三：可升降脚踏板的马桶设计

该设计在马桶底部外侧设置了可升降的脚踏板，使用时只需打开踏板，即可为用户提供脚步支撑，可升降脚踏板的马桶设计如图 4-8-5 所示。

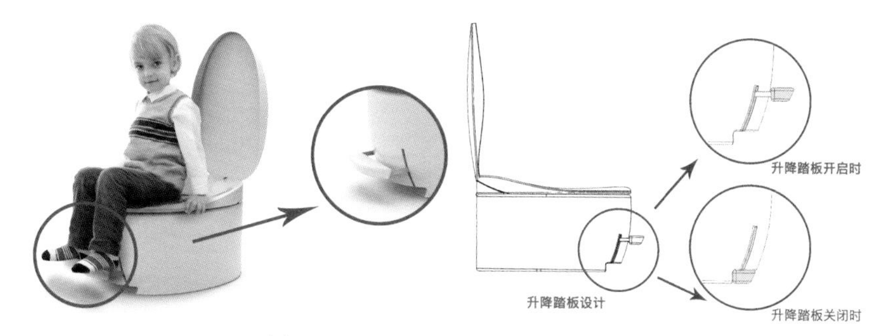

图 4-8-5 可升降脚踏板的马桶设计

4. 项目展示

“智能马桶一体机”项目展示见图 4-8-6。

图 4-8-6 “智能马桶一体机”项目设计成员陈国强同学在现场与专家评委交流

4.9 自清洁物联空调创新设计研究

东华理工大学海尔创客实验室项目展示

设计作者：陈国强
指导老师：许　迅

4.9.1 调研分析：产品市场及现状

该课题来自海尔创客实验室校企合作项目——2020年卡萨帝空调创新的设计提案。该课题将物联空调和人们的日常行为进行结合，改善空调的使用方式，设计师通过观察用户使用产品的习惯，发现现有产品存在的问题，提出改善室内空气质量、提高生活质量和用户体验的解决方案。同时，将空调便捷的操作方式、智能自清洁功能带入现在家居生活，让用户从繁杂的家庭劳动中解放出来，进一步提供更好的用户使用体验。

1. 市场调研

我国家电市场的消费主体正由“60后”“70后”向“80后”“90后”“00后”逐渐转变，消费升级促使家电产品结构不断提升。在智能化引领空调产业结构升级的趋势下，智能空调行业热度高涨，其应用场景得到跨越式发展的根本原因在于技术、用户体验、使用功能的革新。用户需求的不断丰富拓展了智能空调的应用场景，但智能空调市场仍处于初级发展阶段，业界对于智能空调的应用模式尚未生成统一标准，其整体运营模式及服务模式并不成熟。

设计师对格力空调进行了分析（见表4-9-1），对价格在10000～30000元立柜空调的功能卖点、CMF设计做了详细的分析。其功能卖点着重在对空调的性能与品质上，在满足性能的基础上加入了更多新的科技来优化产品，以增加产品的卖点，分析如下。

（1）在产品外观上，格力空调具有非常鲜明的特征，易于区别市场上的商品。

（2）在CMF设计中，外观材料上多选用亚克力面板来提高产品质感，并搭配3D油墨丝印、3D雕刻技术等，进一步提高产品的质感。

（3）在色彩上，普遍采用利于融入家居环境的颜色，如白色、银色、金色等。

表 4–9–1　格力空调分析

GREE 格力				
型号 / 价格	汉白玉 /21599 元	领御 /21148 元	金贝 /20088 元	i 尊Ⅱ /18999 元
功能卖点	①上下出风，冷暖分送； ②蒸发器自洁； ③ Wi-Fi 智控技术； ④三核离心风机，三缸双级变容压缩机	①上下出风，冷暖分送； ②蒸发器自洁； ③ Wi-Fi 智控技术； ④搭载声控技术； ⑤空气初级过滤	①搭载声控技术； ② Wi-Fi 智控技术； ③节能智控系统； ④广域扫风； ⑤内置除尘模块； ⑥仿真技术——海洋风	①双级增焓变频压缩机； ② Wi-Fi 智控技术 ③环抱式出风； ④仿真——森林风； ⑤滑动舱设计
CMF	玉石纹理面板；翡翠绿、皓雪白、银色；亚克力；注塑、OMD 高压转印、电镀	3D 油墨丝印，仿生花瓣脉络；金色、银色、雪白；亚克力；注塑、油印、电镀	3D 雕刻技术；金色、银色；亚克力；注塑、喷涂、雕刻、镀铬	亚克力一体成型；银灰、银色；注塑、咬花、喷涂、电镀

分析存在的问题如下。

（1）空调清洗困难是困扰消费者的一大难题，很多用户都没有清洗空调的习惯，很容易忘记定期清洗空调。

（2）现有的自清洁空调主要处理的是空调内部蒸发器上积攒的灰尘污垢、细菌、病毒等对身体有害的物质。

（3）空调进风口处的过滤网也很容易积攒大量的污垢，这些污垢会通过机器的运行进入空调内部，造成二次污染，会将一定数量的细菌迅速地分散在室内空气中，从而对室内空间造成污染。

2. 用户分析

2020 年以后，20 世纪 80 年代出生的人将成为社会的中坚力量。这群用户多接受过高等教育，喜欢个性化的产品，热衷品质生活。在高端用户群体中，产品的价值不仅在于使用，更能反映出人们对美好生活方式的追求。他们的消费意愿更高、购买能力更强，追求新技术、新产品的意愿更加明显和强烈，所用的产品更新换代速度也明显偏快。他们注重生活品质，习惯通过产品彰显自己的个性及品位。在产品设计中应以高端用户需求为起点，对有着相同认知和价值观的用户进行深度需求挖掘。

4.9.2 设计展开：自清洁物联空调创新设计

卡萨帝作为海尔集团旗下的高端家电品牌，为了使设计项目更好地保留卡萨帝品牌造型元素，设计师对卡萨帝品牌空调产品的外观特征进行了分析（见图 4-9-1）。

图 4-9-1 卡萨帝品牌空调产品外观特征分析

卡萨帝品牌空调产品在造型上，采用中部中空设计，出风口位于内部两侧，实现了风洞效果，可避免出现人们因被风吹到头部而引发的不舒适感。

1. 方案展示

对于空调外观形态而言，用户审美经验是影响设计的主要因素，包括人们的价值观、生活及行为习惯等。在进行空调产品外观形态设计时，首先要满足用户的审美需求，并使空调外观富于变化，以满足不同人群的需求。

方案一：如图 4-9-2 所示，该方案在空调中上部采用中空设计，在中空两侧增加曲面，以增加产品的美感，让产品外观显得更优雅。在空调前端顶部增加红外体感传感器，利于空调收集用户信息。将空调的进风口放在空调的两侧，避免当空调放置在窗口处时窗帘遮挡进风口。两侧的进风口可以增加进风量，加速室内冷暖空气的交换，实现室内温度的快速升降。

该设计在空调两侧进风口内部增加自清洁模块，实现空调过滤网的自清洁。在进风口下方，有可旋转打开的开关，打开后可以取出污染物收集器，将污染物倒入垃圾桶。在空调底部选择增加了稍宽大的底座，以增加空调的稳定性。

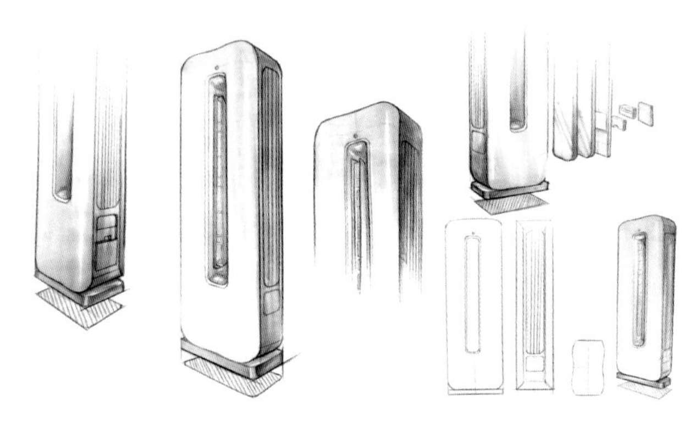

图 4-9-2　方案一手绘草图

方案二：如图 4-9-3 所示，该方案以圆柱为基础型，产品形态采用中空设计，以保持品牌出风口的统一形态特征。出风口放置在中空部分的两侧，进风口放在后方，清洁模块放在进风口内部，通过左右滑动两段式的清洁模块，清洁附着在空调过滤网上的污染物。红外体感传感器放置在前端顶部中间位置，以便于保持良好的视野。底部采用梯形底座，增加产品整体的稳定性。

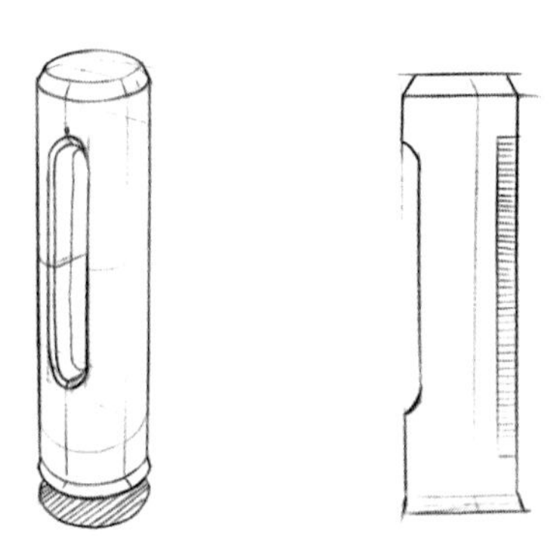

图 4-9-3　方案二手绘草图

方案三：如图 4-9-4 所示，该方案以双柱体为基础型，并在基础型上进行演变，采用梭形的产品形态外观。出风口放置在两个梭形靠近的两侧，实现中部出风的产品特征。进风口放置在梭形的后面。红外体感传感器放置在左侧梭体的前端顶部的中间位置，另一侧的相同位置放置集成风速、冷暖、温度显示器等信息的显示屏。保持整个产品的对称性。底部采用矩形的底座，将两个梭形连接起来以增加产品的整体稳定性。

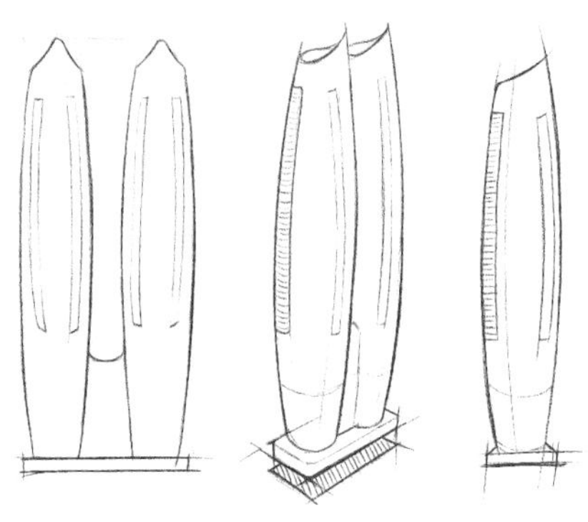

图 4-9-4　方案三手绘草图

2. 定案分析

对以上 3 个方案展开产品外观形态、功能结构、工艺生产、品牌语言延续等方面的分析，确定方案一为最终方案。方案一的设计外观在延续品牌语言的同时，具有自己特有的产品特征。该方案以矩形为主体，没有过多的曲面折弯等，产品的生产效率和开发成本可以得到很好的保证。该方案的两侧为平面设计，便于内部清洁模块上下移动功能的实现，产品外观造型简洁、精致。

3. 定案展示

定案展示见图 4-9-5。

图 4-9-5　定案展示

该智能空调具有自清洁功能，可以减少空气中螨虫、霉菌、细菌的滋生，提高空气质量。空调使用红外摄像头捕捉用户动作，收集用户生活状态，预知潜在的用户需求，并且可以通过空调的数据物联，减少温度差带来的感冒、不适等，从而提升用户使用体验。

4. 场景效果展示

场景效果展示见图 4–9–6。

图 4–9–6　场景效果展示

5. 色彩方案

色彩方案见图 4–9–7。

图 4–9–7　色彩方案

6. 自清洁结构分析

该智能空调的免拆洗清洁模块利用过滤网和格栅之间的空隙，在两侧配有除尘模块，清洁模块通过定向轨道，可以上下移动，通过细毛软刷转动和吸尘模块的运转，带走吸附在初级过滤网上的灰尘，将灰尘储存在下方的尘盒中（见图 4–9–8）。尘盒可以通过盖板的旋转，将其取出倒掉。红外摄像头设立在空调正面顶部位置，可以捕捉用户的皮肤温度和用户下意识的动作，通过捕捉收集的信息来调节空调。空调可以与用户的手机、手环、汽车等进行连接，将时间、用户行动位置的变化信息传递给空调，实现空调的智能开关，让用户享受智能服务带来的便利。该设计还可以将热水器使用数据与空调控制中心进行数据信息互联，让空调更精准地匹配用户从浴室到房间所需的舒适体感温度。

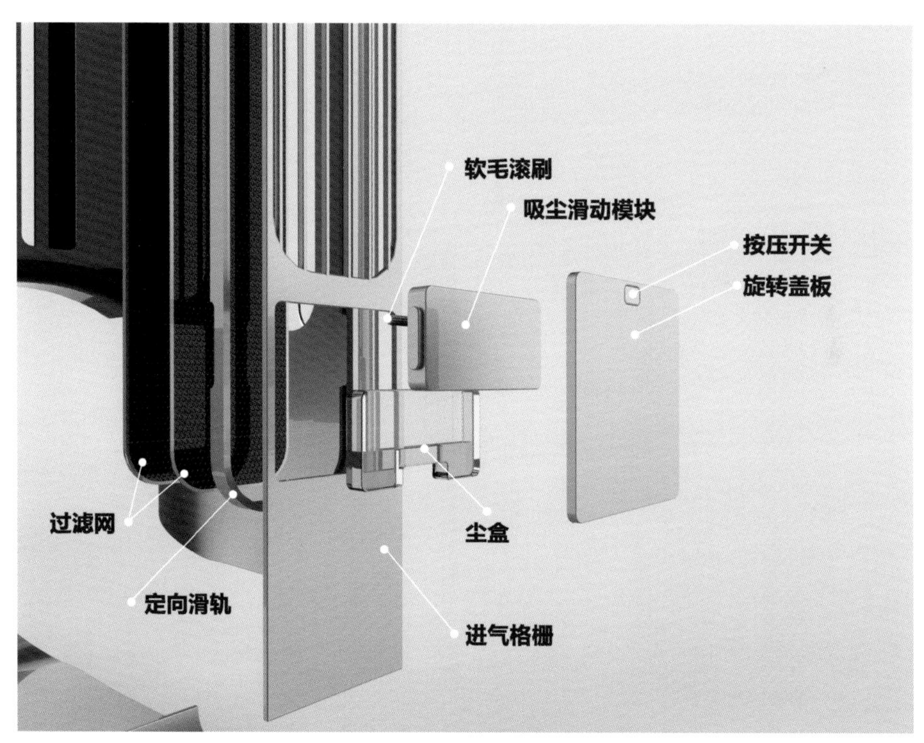

图 4–9–8　自清洁结构分析

7. 手板模型打印

模型在制作时运用了成本较高的电镀工艺，因模型对细节的要求极高，模型的表面材质及尺寸标注如图 4-9-9 所示。产品手板模型打印的实物展示如图 4-9-10 所示。

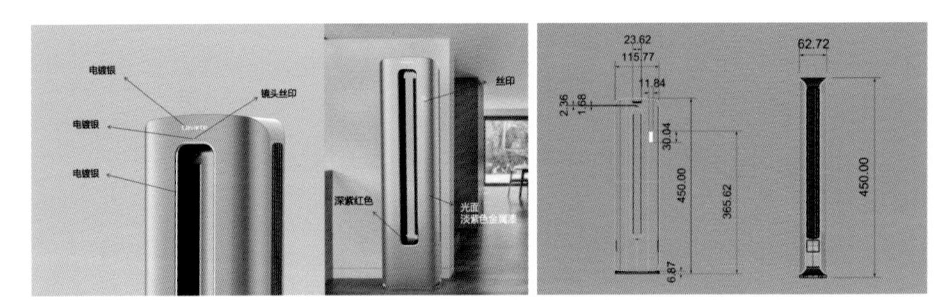

图 4-9-9　模型的表面材质及尺寸标注（单位：mm）

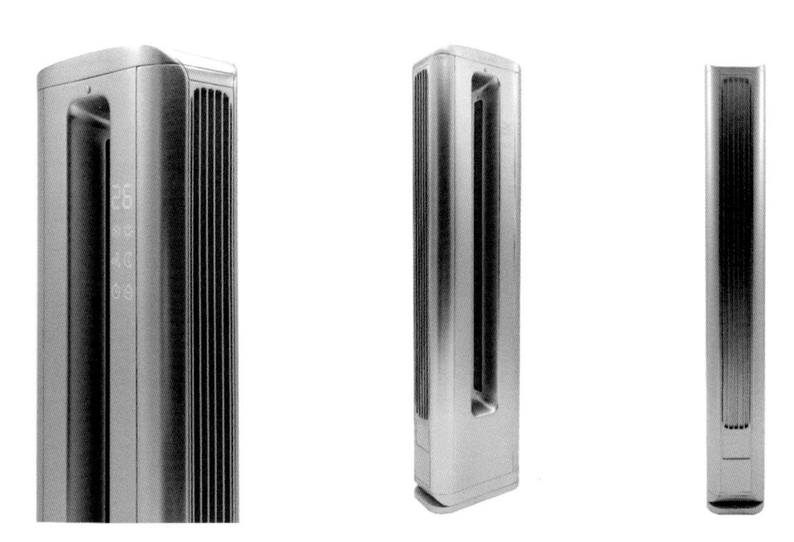

图 4-9-10　产品手板模型打印的实物展示

Pubilshed at the
Design Talent
Collection
of the
iF WORLD DESIGN
GUIDE

2018

4.10
Mobile Phone Reducer

收录于 iF WORLD DESIGN GUIDE（2018）

设计作者：陈国强
指导老师：许　迅

4.10.1 Mobile Phone Reducer 设计的前期准备

1. 思考

在日常生活中，人们使用手机的时间越来越长，通过手机获取的信息越来越多，虽然使用手机可以带来生活上的便利，但是也带来了对时间的焦虑。如今，在人们工作、学习、休息的间隙中，手机会分散人们的注意力，占用人们越来越多的时间，但是人们似乎并没有察觉到这个现象可能带来的后果和影响。

2. 分析

设计师通过对手机市场的调研发现，大多数手机厂商都会将手机的续航能力尽可能做到极致，手机的充电速度越来越快、电池容量越来越大。近几年，带有显示屏幕的电子产品也有一些共同点：屏幕越来越大，清晰度越来越高，商家在用更佳的视觉体验来吸引用户的关注。

产品设计工作坊中的师生们同样难以摆脱对手机使用的依赖，这似乎已经不再是自控力的问题，而成为一种会影响学习效率的普遍现象。在学校，有极少数同学在考研期间会选择只具有通话、发短信基础功能的手机，这种方法广受好评。学生的学习专注度相比之前更高了，学习效率也得到了提升。

手机是人们在生活中电子类产品使用时长、频率最高的电子产品，也是大量碎片化信息的入口。手机使用的时长是由电池容量决定的，如果用户能控制手机的电量，规划手机的使用时间，提供对应强度的电量，可以有效减少碎片化信息对用户的干扰，将更自由的时间选择交还给用户。设计师可以通过如下问题进行设计分析。

（1）什么样的方式能在保证手机使用功能的同时，让用户合理地规划手机使用时间?

（2）能不能给用户一个工具或者一个方法，帮助用户合理使用手机？在生活中给自己做减法，给生活留有更多自主时间?

4.10.2 Mobile Phone Reducer 设计展示

1. 功能与特性

如图 4-10-1 所示，此产品设计是一款为手机充电和放电的装置，它可以为手机充电，也可将手机的电能传输到此产品内。用户可以主动地减少手机现有电量，帮助其合理规划使用手机的时间，减少社交媒体信息的阅读量。

手机的电能传输到此产品内，此产品也可以作为充电宝使用。

此产品一反手机厂商们追求的快充功能常态，它可以提供缓慢充电的可选功能。

图 4-10-1　产品效果图展示

2. 产品功能标注和产品尺寸标注

产品功能标注见图 4–10–2，其产品尺寸标注见图 4–10–3。

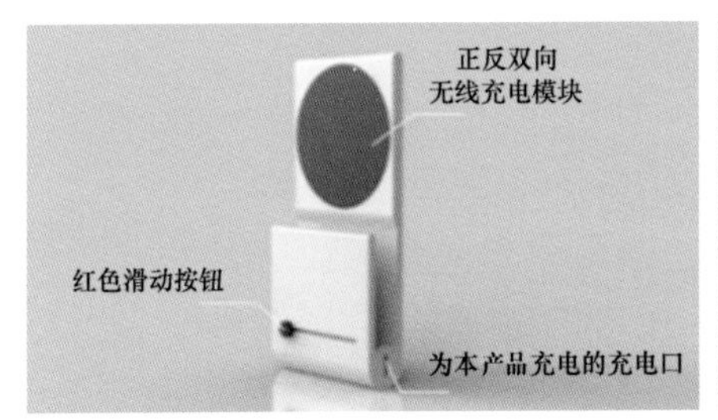

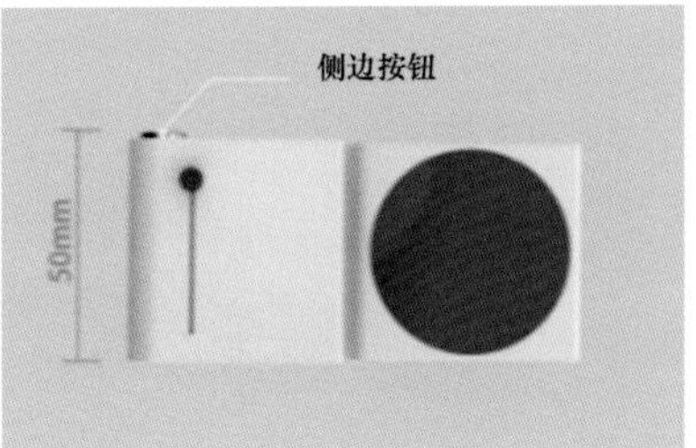

图 4–10–2　产品功能标注

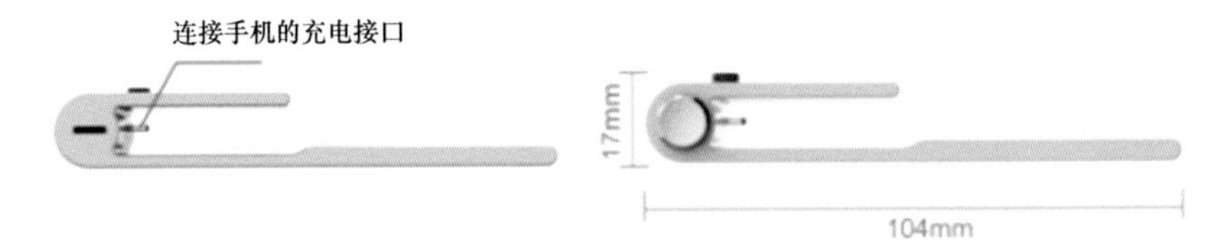

图 4–10–3　产品尺寸标注

3. 使用方法

（1）为产品接通电源，将激活快速充电功能。

（2）正向滑动红色按钮，可以利用产品内部电池给手机快速充电。

（3）正向滑动红色按钮至端点后，接着反向滑动红色按钮，就可以利用产品蓄电池给手机慢速充电，红色按钮归至原点将结束充电（见图 4–10–4）。

（4）按下侧面的银色确认按钮后，可以降低手机的电量。通过有线连接、无线连接实现手机向产品反向充电，可以快速释放手机的电量，这时获得的电能将储存在蓄电池中。产品使用示意图如图 4–10–5 和图 4–10–6 所示。

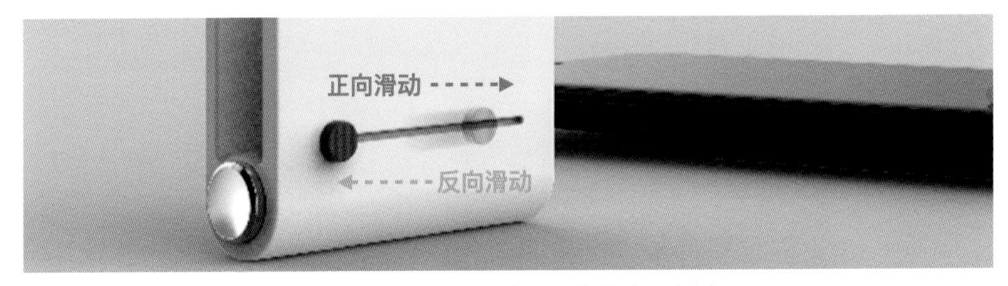

图 4–10–4　正向滑动与反向滑动示意图

图 4–10–5　产品使用示意图一

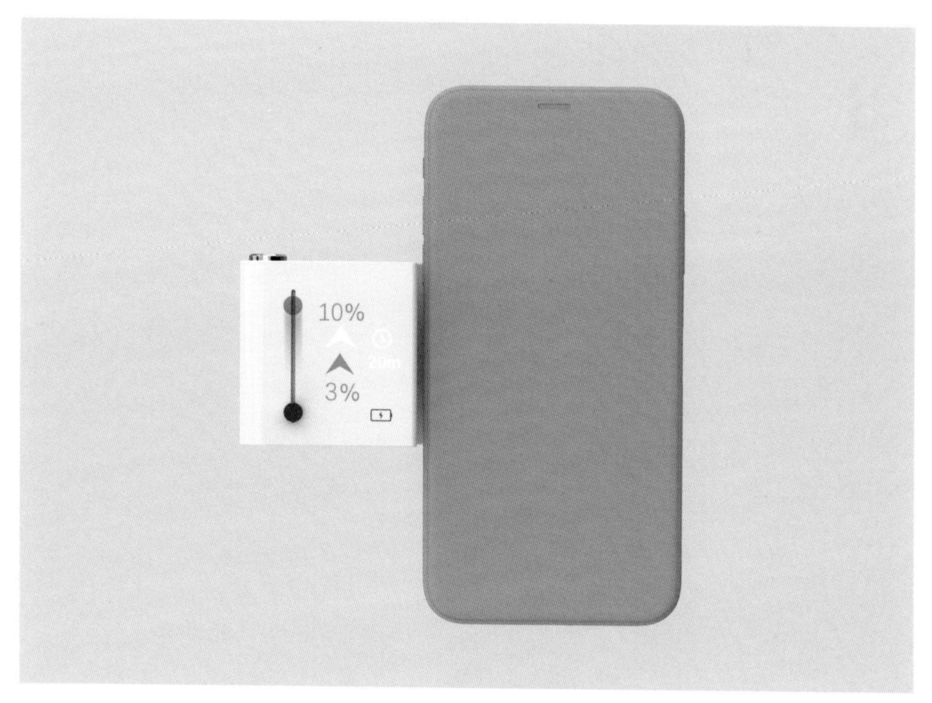

图 4–10–6　产品使用示意图二

第5章

设计工作坊总结

5.1 学术专家和设计师点评

赵博

青岛大学机电工程学院工业设计系主任，副教授，硕士生导师

“设计”是一门极为重视实践应用的学科，是设计师对美好生活向往的创意表现。我们发现，学生更热衷于参加设计手绘与软件培训，而忽视设计中最为重要的设计方法与思维训练。在专业教师看来，设计师绝不应是一名简单的绘图员，正确的设计方法与思维将辅助设计师产出更为完善的作品。作为一名设计师，应对产品设计的每个阶段形成一个清晰的认识，从前期调研分析到草图创意构思，从油泥模型制作到三维建模渲染，从 CMF 设计到应用特性评估，本书对产品设计专业“工作坊模式”构建方法进行探索，提出培养适应社会需求的产品设计人才的对策。

在当前产品设计工作坊相关书籍较少的情况下，本书以校企合作项目展示为切入点，系统地分析了产品设计过程中的每一个环节，具有一定特色，如分析高等院校产品设计专业学生、模型工厂、设计公司与企业使用软件的差异，这在同类书籍中是暂未提及的。此外，本书通过产品设计工作坊实践案例讲解的方式，将产品设计思维贯穿其中，其中不乏出现一些优秀的案例。本书对于产品设计专业学生而言，具有一定的参考价值。

韩军

武汉工程大学艺术设计学院实验中心主任，副教授

许迅老师一直致力于将设计的创意、合作与实践进行有机的融合和探索，他在多年的专业教学实践活动中，不断完善教学理念，充实教学内容，积极为学生创造实践机会，引入工作坊教学模式，并与知名企业进行了长期且深入的合作，积累了丰富的经验，产生了丰硕的成果。在此基础上，许迅老师出版的这本著作，系统地解答了产品设计工作坊的概念、设计流程等问题，并从产品设计工作坊的角度对设计创新思维及产品设计开发进行了新解读，为设计师与用户之间的关系赋予了新内涵，具有很好的理论价值和应用价值，为广大师生提供了学习和研究的重要参考。

周宁昌

广东工业设计创新服务联盟副秘书长

项目制和工作室制是国内诸多高等院校正在实施的工业设计（产品设计）人才培养模式，或通过市场行为承接企业委托的产品开发设计项目，让学生通过参与生产实践，锻炼、提升专业能力；或通过与企业联合共建工作室（或实验室），举办设计工作坊，将企业在生产一线积累的先进和成熟技术与经验引入高等院校的教学活动中，提高人才培养质量。许迅老师非常用心地将自己在相关方面积累的宝贵经验，用著作的方式分享给广大师生，为大家提供了非常有价值的参考案例。

王承陈

青岛桥域创新科技有限公司创始人，前海信集团多媒体设计所主管设计师

设计工作坊具有很强的操作性与创新性，在这个广泛关注“颜值”的时代，如同在本书“平衡设计审美与功能的重要性”部分中所表达的，比起美学层面的装饰性设计，设计师应更加着眼于产品某些功能的实现，了解大众所需，发现问题，进而制定相应的设计策略及创意决策，从而找到更精准的解决方案，而视觉层面的美学设计不过是解决方案的外在表现形式而已。

记得当我还是一名电视机设计师时，当时的设计创新主要是从两方面切入的，其一是塑造电视机“颜值”的设计，主要聚焦于电视的整体造型及CMF的设计，偏视觉层面。其二是设计以用户体验为核心的实用性创新，比如通过对用户使用电视的行为进行深入的研究分析，发现用户的使用痛点或潜在需求，从而进行实用性的创新设计。举个例子，我们当时设计了一款带有寻找遥控器功能的电视，这是基于用户在家经常找不到遥控器的痛点提出的解决方案。类似的实用性创新也包括诸如电视机线缆收纳整理的解决方案、可移动式端子接口的创新解决方案等。这与本书提到的产品设计工作坊的创新课题类似，本书中呈现的一些产品设计工作坊课题如烤箱门把手的设计突破等，也是针对某一产品的某一部分功能进行实用性的创新设计，这有助于学生将自己的创意才华与具体的实际问题相结合，培养严谨思考问题的能力，能够以用户体验为中心，进行更加有价值的创新探索实践，找到问题的本质，为用户使用产品的某一环节、某一点而提出有价值的创意。

王传龙

长虹美菱电器股份有限公司长虹创新中心主管设计师

产品设计工作坊是工业设计开发流程中非常重要的一个运行载体，是一种基于学术思想传播设计经验的方式。通过产品设计工作坊的形式，产品设计专业的学生可以自由畅想，通过交流讨论激发全新的创意想法，发现设计问题及设计机会，归纳出解决问题的方法、规律。本书作者在书中分享了大量企业与学校合作的工作坊案例，简单易懂地展现了产品设计工作坊设置的目的、方法及流程，并且将企业、设计师、用户三者紧密联系起来，为产品设计实践教学提供了很好的参考价值。本书对产品设计开发阶段的流程方法也有自己独到的见解，形象地阐述了校企合作与设计公司产品开发流程的差异性。

吴静

烽火通信科技股份有限公司用户体验中心界面交互专项经理

很高兴看到在国内高等院校课程中引入产品设计工作坊（Workshop）。本书系统地告诉我们产品设计工作坊的一些设计方法、流程，通过这样的形式聚集不同角色的人在比较集中的一段时间里一起探索和讨论解决方案。

产品设计工作坊是拓展思维、碰撞灵感、产生创意的自由天地。从本书中，我们可以发现创意不是可遇不可求的，它其实是可以推导出来的。对于同样从事产品设计教学的广大师生群体而言，尤其尝试产品设计工作坊制度推行及产品设计流程管理模式创新的读者，本书是一个不错的选择。

5.2 产品设计工作坊愿景

产品设计工作坊旨在构筑多学科交叉融合的创新环境。工作坊鼓励师生进行创新、突破文理分科壁垒、探索艺术与设计的边界，并深入开展跨学科交叉研究与设计实践，推动学科建设与发展。科学技术是解决客观世界及其规律认知问题的求真过程，人文艺术是解决精神世界认知问题的求善过程，两者的和谐统一是战略性、基础性与前瞻性创新的动力源泉。多学科跨界融合不仅是学科创新的关键，也是产学研合作的创新模式，产品设计工作坊在科学与艺术融合的基础上，依托高等院校科研人才与学科优势，汇聚了来自不同学科的优秀人才与产业界专家，一起探索引领产业跨学科、跨技术融合发展的创新路径。

产品设计工作坊以“创新思维、服务社会”为愿景，通过一系列具有创新性、前瞻性的设计活动，为医疗保健、环境和能源等领域的社会问题提供解决方案，推动人—机—环境融合社会发展。愿工作坊在未来成为全国高等院校中具有学术、产业和社会影响力的多学科交叉创新实验室，培育产品设计专业学生的创新思维能力并从事相关研究工作，创造出若干引领未来设计发展的新成果。

5.3 结语

21 世纪是技术创新与产品迭代飞速发展的时代，高等院校与企业是创新的发起者、实践者，传统高等院校实验室的组织机构及运营模式变革必将引发新时代创新范式的变革。产品设计工作坊不是企业提供输入、高等院校产生输出的“流水线模式”，而是一种协同创造的合作模式。产品设计工作坊旨在成为一个开放的学术交流与应用平台，为学术界、工业界及产业界提供分享、合作的平台，引导学生进行跨学科的设计实践，促使科研成果转化为生产力。

本书介绍并展示了产品设计工作坊的研究方向与阶段性成果。产品设计工作坊以新工科建设为背景，打造高等院校和企业创新双引擎，创立了工作坊与相关产业协同创新的对话机制，促进高等院校与产业的深入合作与协同创新。

我校产品设计工作坊在成立 5 年以来一直保持着与企业及相关产业的密切联系，在校师生也定期参加了企业方举办的各类学术论坛与夏令营活动。产品设计工作坊是依托新工科建设的设计类专业教学模式改革的创新起点，通过高等院校与企业的智慧融通，为学科发展及教学模式范式转变作出新的贡献。

参考文献

Bjarki Hallgrimsson，2014. 产品设计模型 [M]. 张宇，译 . 北京：人民邮电出版社 .

胡飞，李顽强 . 定义“服务设计”[J]. 包装工程，2019，40（10）：37–51.

Jonathan Cagan，Craig M.Vogel，2006. 创造突破性产品：从产品策略到项目定案的创新 [M]. 辛向阳，潘龙，译 . 北京：机械工业出版社 .

蒋红斌，孙小凡，2017. 中国厨房协同创新设计工作坊：城市年轻人的生活方式与厨具新概念 [M]. 北京：清华大学出版社 .

Karl T.Ulrich，Steyen D.Eppinger，2018. 产品设计与开发 [M]. 5 版 . 杨青，杨娜，等，译 . 北京：机械工业出版社 .

刘冰，张华思，罗超亮 . 喜茶“网红店”网络口碑的大数据分析 [J]. 广西民族大学学报（哲学社会科学版），2018，40（06）：118–126.

缪羽龙 . 现成品与真理的摆置——对杜尚《泉》的海德格尔式解读 [J]. 文艺理论研究，2018，38（05）：43–49.

王娜娜，陈小林 . 信息可视化还是知识可视化？——ISOTYPE 中的视觉教育研究 [J]. 装饰，2019（07）：92–95.

王念 . 项目定案对工业设计教学的启示 [D]. 南京：南京艺术学院，2008.

辛向阳，王晰 . 服务设计中的共同创造和服务体验的不确定性 [J]. 装饰，2018（04）：74–76.

许迅，邹红梅，赵思行 . 基于“互联网 +”的高校艺术活动探讨——以东华理工大学为例 [J]. 东华理工大学学报（社会科学版），2019，38（02）：186–188.

张明平 . 服务设计在剑桥大学 FutureLib 计划中的应用及思考 [J]. 图书馆学研究，2019（06）：94–101.

朱梦泽，赵海英 . 叙事式可视化综述 [J]. 计算机辅助设计与图形学学报，2019，31（10）：1719–1727.

致 谢

许多教师朋友以不同的方式为本书的出版提供了帮助与支持，并将本书内容应用于专业教学中实践，给予诸多反馈信息。在一些教学和研究工作中，作者得到了他们的鼓励和支持。感谢众多业内实践者提供的大量数据、实例和观点。没有这么多专家、教师和同事的合作与协助，作者是难以完成此书的。

首先，作者要感谢试听本书相应课程的学生，他们在产品设计工作坊完成的许多优秀作品也被收录到了本书当中，这些作品记录学生在产品设计项目中如何使用本书论述的观点，也帮助作者进一步完善了本著作的撰写。

其次，本书出版获得了东华理工大学学术专著出版资助，感谢学校学术评定小组和科研管理部门的认可，没有他们的宝贵意见，本书的出版不可能这么顺利。

最后，作者也想感谢本书的责任编辑及相关人员，他们在阅读和评论各章原稿时给了作者许多修改建议。

基金项目来源

1. 江西省科技重点研发项目“‘交趾陶’文创产品开发与工艺创新研究——以江西‘通天岩’石窟造像为例”（编号 20202BBGL73030）。

2. 江西省教育科学“十三五”规划课题“文理分科背景下信息可视化在艺术设计教育中的差异化研究”（编号 20YB071）。

3. 江西省高等学校教学改革研究课题“新工科背景下创客实验室的教学模式改革研究”（编号 JXJG-19-6-17）。